UMAMAHESWARI S.
SYED ALI FATHIMA
KOWSALYA S

GESTÃO DA VIDA SELVAGEM: UM GUIA PREPARATÓRIO

AF666521

UMAMAHESWARI S.
SYED ALI FATHIMA
KOWSALYA S

GESTÃO DA VIDA SELVAGEM: UM GUIA PREPARATÓRIO

ScienciaScripts

Imprint

Any brand names and product names mentioned in this book are subject to trademark, brand or patent protection and are trademarks or registered trademarks of their respective holders. The use of brand names, product names, common names, trade names, product descriptions etc. even without a particular marking in this work is in no way to be construed to mean that such names may be regarded as unrestricted in respect of trademark and brand protection legislation and could thus be used by anyone.

Cover image: www.ingimage.com

This book is a translation from the original published under ISBN 978-620-5-48933-8.

Publisher:
Sciencia Scripts
is a trademark of
Dodo Books Indian Ocean Ltd. and OmniScriptum S.R.L publishing group

120 High Road, East Finchley, London, N2 9ED, United Kingdom
Str. Armeneasca 28/1, office 1, Chisinau MD-2012, Republic of Moldova, Europe
Printed at: see last page
ISBN: 978-620-7-88862-7

Copyright © UMAMAHESWARI S., SYED ALI FATHIMA, KOWSALYA S
Copyright © 2024 Dodo Books Indian Ocean Ltd. and OmniScriptum S.R.L publishing group

Conteúdo

PREÂMBULO

Num mundo onde o delicado equilíbrio entre a civilização humana e o mundo natural é constantemente testado, a necessidade de uma gestão informada e responsável da vida selvagem nunca foi tão crítica. "Fundamentos da Gestão da Vida Selvagem: Um Guia Preparatório" representa um passo significativo no fornecimento de um recurso abrangente para indivíduos, profissionais e entusiastas dedicados à proteção e preservação da preciosa vida selvagem do nosso planeta.

Este guia preparatório é um testemunho do empenho inabalável de inúmeros conservacionistas, ecologistas e especialistas que dedicaram as suas vidas à compreensão, conservação e gestão da vida selvagem. Foi concebido para ser uma bússola para qualquer pessoa que embarque na viagem da gestão da vida selvagem ou que procure aprofundar os seus conhecimentos neste domínio vital.

Através das páginas deste guia, os leitores serão apresentados aos princípios fundamentais da gestão da vida selvagem, incluindo a preservação do habitat, a conservação das espécies e a coexistência sustentável entre os seres humanos e a vida selvagem. Os capítulos bem estruturados oferecem uma introdução clara e acessível aos conceitos-chave, métodos científicos e considerações éticas que sustentam a gestão responsável da vida selvagem.

Além disso, este guia serve como um apelo à ação, recordando-nos a importância do nosso papel como administradores da Terra. Permite-nos tomar decisões informadas e participar ativamente na salvaguarda da vida selvagem diversa e insubstituível do nosso planeta. O futuro dos nossos ecossistemas e das magníficas criaturas que os habitam depende da nossa dedicação, conhecimento e empenhamento.

Ao embarcar nesta viagem educacional através dos "Fundamentos da Gestão da Vida Selvagem: Um Guia Preparatório", que encontre inspiração, capacitação e uma compreensão mais profunda da interconexão de todos os seres vivos. Que este guia seja a sua base para um futuro mais brilhante e sustentável, onde os seres humanos e a vida selvagem coexistam harmoniosamente, assegurando o legado do nosso património natural para as gerações vindouras.

AUTORES

RECONHECIMENTO

A criação de "Wildlife Management Fundamentals: A Preparatory Guide" foi um esforço de colaboração que não teria sido possível sem a dedicação, experiência e apoio de muitos indivíduos e organizações.

Gostaria de expressar a minha mais profunda gratidão aos inúmeros investigadores, conservacionistas e especialistas em fauna bravia que contribuíram com os seus conhecimentos e ideias para este guia. A vossa paixão pela gestão da vida selvagem foi fundamental para moldar o conteúdo e garantir a sua exatidão.

Os meus sinceros agradecimentos aos editores, redactores e designers que trabalharam incansavelmente para dar vida a este guia. Os meus sinceros agradecimentos à ***Sra. S. Mangayarkarasi****, Directora do J.K.K. Nataraja College of Arts and Science, por ter disponibilizado as instalações para a realização deste trabalho manual.* ***A Dra. S. Sasikala****, bibliotecária, empenhada na excelência e atenta aos pormenores, transformou esta visão num recurso tangível para todos.*

Estou igualmente grato aos mentores e professores cuja sabedoria e orientação foram inestimáveis, me inspiraram e guiaram ao longo do meu percurso no domínio da gestão da vida selvagem.

Quero agradecer às organizações e instituições que apoiaram este projeto, tanto financeiramente como através dos seus recursos, e a importância da conservação e educação da vida selvagem é louvável.

Por último, mas não menos importante, agradeço à minha família, amigos e entes queridos pelo seu apoio e compreensão inabaláveis ao longo de todo este processo. O encorajamento e a paciência de todos os membros do pessoal do meu departamento têm sido a minha rocha.

Juntos, estamos unidos na nossa missão de preservar e proteger a maravilhosa diversidade do nosso mundo natural. "Fundamentos da Gestão da Vida Selvagem: Um Guia Preparatório" é um testemunho do nosso compromisso coletivo para com o planeta e os seus habitantes. Que este guia sirva como um farol de conhecimento e inspiração para aqueles que se dedicam à nobre causa da gestão da vida selvagem.

Com profundo apreço,
Dr. S. UMAMAHESWARI

CAPÍTULO - I

Conceito básico e princípio - WLM antes e depois da implementação da Lei da Vida Selvagem de 1972 - IUCN-CITE-NBA-IBA- projeto tigre, elefante e crocodilo

CAPÍTULO - II

Definir habitat - tipos de habitat florestal - técnicas básicas de levantamento de habitats - análises vegetativas - quadrado centrado no ponto, quadrado, transecto em faixa - manipulação de habitat

CAPÍTULO - III

Contagem direta (contagem em bloco, métodos de transectos, contagem de pontos, levantamento de encontros visuais, levantamento de charcos). Contagem indireta (contagem de chamadas, rastreio e sinalização, contagem de pellets, armadilha fotográfica com marca de pug. Impressão digital de ADN e fotografia aérea)

CAPÍTULO - IV

Conflitos Homem-animal: Conceitos básicos, razões para os conflitos, identificação dos danos causados pelos animais selvagens e medidas de controlo. Estudos de caso - elefante, gaur, javali, macaco, tigre e leopardo.

CAPÍTULO - V

Zoos, Parques Zoológicos, Santuários de Vida Selvagem, Parques Nacionais e Reservas de Tigres: Definição - conservação in-situ e ex-situ, formação, gestão e administração. Estudos de casos (VOC park zoo, Arignar Anna Zoological Park, Srivilliputtur Wildlife Sanctuary, Vedanthangal bird sanctuary, Mukkuruthi and Guindy National Parks, Mudumalai and Periyar Tiger Reserves - Nilgiri Biosphere Reserve.

CAPÍTULO I

Conceito básico e princípio - WLM antes e depois da implementação da Lei da Vida Selvagem de 1972 - IUCN-CITE-NBA-IBA - projeto tigre, elefante e crocodilo

A gestão da fauna bravia é **o processo de gestão que influencia as interacções entre a fauna bravia, os seus habitats e as pessoas para alcançar impactos predefinidos**. Tenta equilibrar as necessidades da vida selvagem com as necessidades das pessoas, utilizando os melhores dados científicos disponíveis.

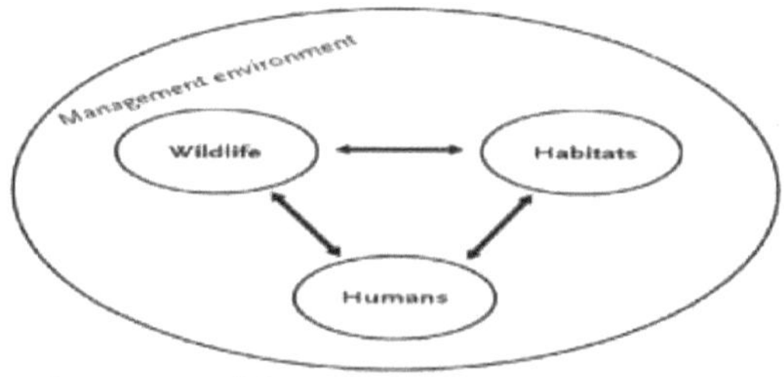

A vida selvagem refere-se a **espécies animais não domesticadas, mas passou a incluir todos os organismos que crescem ou vivem em estado selvagem numa área sem serem introduzidos pelo homem**. A vida selvagem também era sinónimo de caça: as aves e os mamíferos que eram caçados por desporto. A vida selvagem pode ser encontrada em todos os ecossistemas.

A conservação da vida selvagem tem dois significados. Um é **a preservação das espécies e da diversidade das espécies**, o outro baseia-se no bem-estar dos animais, que se destina principalmente à vida selvagem em cativeiro. O aspeto mais essencial da gestão da vida selvagem é a **gestão do habitat das espécies cinegéticas**. Este fornece a uma espécie os elementos essenciais necessários para satisfazer as suas necessidades: alimento, água, cobertura, espaço e uma disposição destes elementos que permite aos animais satisfazer as suas necessidades.

OS 7 PRINCÍPIOS DA GESTÃO DA FAUNA BRAVIA

Estas crenças básicas são melhor explicadas através de um conjunto de directrizes fundamentais, melhor recordadas como as Sete Irmãs da Conservação:

- A Doutrina da Confiança Pública.
- Estado de direito democrático.
- Oportunidade para todos.
- Utilização comercial.
- Utilização legítima.
- Ciência e política da vida selvagem.
- Recursos migratórios internacionais da vida selvagem.

OS ELEMENTOS DA GESTÃO SELVAGEM

A gestão da vida selvagem tem em consideração os princípios ecológicos, como a capacidade de carga do habitat, a preservação e o controlo do habitat, a reflorestação, o controlo dos predadores, a reintrodução de espécies extintas, a captura e a reafectação de espécies abundantes e a gestão de espécies "desejáveis" ou "indesejáveis".

PRINCÍPIOS DE GESTÃO DA VIDA SELVAGEM

a gestão da vida selvagem **deve basear-se em factores ecológicos, ambientais, sociais e económicos sólidos**: factores ecológicos - ecologia das espécies, estado de conservação das espécies, efeitos potenciais das acções de gestão sobre uma espécie e efeitos potenciais das alterações climáticas sobre as espécies.

Vida selvagem Todos os animais selvagens que têm uma espinha dorsal Inclui mamíferos, aves, répteis, anfíbios e peixes

- A vida selvagem é sensível à mudança e é valiosa porque indica a qualidade do seu ambiente (clima, plantas e todos os outros factores que afectam um animal). Populações saudáveis de vida selvagem indicam um bom ambiente; pouca ou nenhuma vida selvagem geralmente significa que algo está errado.
- Gestão da vida selvagem definida como: A ciência de gerir a vida selvagem e o seu habitat, incluindo o homem, para benefício de toda a biota (todas as plantas e animais num ambiente).
- Conceitos básicos de gestão da fauna bravia Deve basear-se em conhecimentos biológicos Deve incluir a gestão do homem Deve ser concebido para beneficiar toda a biota Gestão significa conservação (uso sensato), não preservação (não utilização)
- O habitat é um ambiente que fornece tudo o que a vida selvagem precisa para viver, incluindo o seguinte: -Alimentação, Cobertura, Água e Espaço Quando estes factores de habitat estão em boa oferta, contribuem para o bem-estar da vida selvagem. Se algum dos factores do habitat estiver em falta, limita o número e a distribuição da vida selvagem e é designado por FACTOR LIMITADOR.
- Factores Limitantes Dependente da Densidade - fator limitante que depende do tamanho da população Competição, predação, doença, parasitas Independente da Densidade - afecta todas as populações de forma semelhante, independentemente do seu tamanho. Catástrofes naturais, ciclos sazonais, actividades humanas, mau tempo
- Partes de um habitat Alimento - tanto a quantidade como a qualidade são importantes Cobertura - necessária para proteção durante a alimentação, sono, brincadeira, reprodução, empoleiramento, nidificação, deslocação, etc. Água - inclui água de superfície, orvalho, neve, vegetação suculenta. Necessária para toda a vida! Espaço - evita a sobrepopulação, que conduz a uma forte concorrência e ao sofrimento da população. Apenas um determinado número de animais pode viver numa área.
- Disposição do habitat A disposição dos alimentos, da cobertura e da água numa área determina o número de animais selvagens e a sua distribuição. Melhor к quando os factores de habitat ocorrem em combinações de pequenos blocos que estão próximos uns dos outros - F=Alimentos -C=Coberto -E=Borda F F F F CC C C Borda
- Vida Selvagem = Borda A vida selvagem é descrita como uma espécie de borda porque normalmente vive ao longo das bordas - e não nos centros - dos diferentes tipos de vegetação que crescem numa área. Esta tendência da fauna selvagem para se concentrar entre 2 ou mais tipos de vegetação é designada por efeito de borda.
- Capacidade de carga Definida como: o número de cada espécie de fauna bravia que um habitat pode suportar ao longo do ano sem danos para os animais ou para o habitat O objetivo da gestão da fauna bravia é controlar o número de animais na capacidade de carga ou abaixo dela, para que não haja danos para os animais ou para o seu habitat Se o número de animais bravos exceder a capacidade de carga do habitat, os animais em excesso morrem de fome ou por outras causas.

- Dinâmica populacional Factores que afectam o crescimento e o declínio das populações de fauna bravia Afectados principalmente pela taxa de natalidade e pela taxa de mortalidade A taxa de natalidade e a taxa de mortalidade são elevadas para a maioria das espécies de fauna bravia.
- Taxa de natalidade As espécies mais pequenas têm uma taxa de natalidade mais elevada do que as espécies maiores Afetado por: - Número de crias por nascimento -Número de nascimentos por ano -Idade em que a reprodução começa
- Taxa de mortalidade As espécies mais pequenas têm uma taxa de mortalidade mais elevada do que as espécies maiores Afectadas por: - Fome -Caça -Clima - o clima severo pode reduzir os números -Predação -Doenças e parasitas
- Taxa de natalidade vs. Taxa de mortalidade Se a taxa de natalidade for maior do que a taxa de mortalidade, o número de animais selvagens aumenta. Se a taxa de mortalidade for maior do que a taxa de natalidade, o número de animais selvagens diminui. Quando a taxa de natalidade e a taxa de mortalidade são iguais, os números da população não se alteram.
- Era da Abundância (até 1850) A maior parte da vida selvagem nativa era abundante na América Poucas pessoas Poucos danos no habitat Pouca preocupação com o abastecimento Muitas pessoas pensavam que as populações de animais selvagens podiam durar para sempre
- Era da Exploração (1850 a 1900) A população humana estava a aumentar Depleção e destruição da vida selvagem e do seu habitat A caça não regulamentada diminui algumas populações de animais selvagens As actividades humanas (pastoreio, abate de árvores, drenagem de terras para a agricultura) danificaram o habitat, diminuindo as populações de animais selvagens
- Era da Preservação (1900 a 1935) As pessoas queriam regressar à abundância da vida selvagem Leis rigorosas sobre a captura de animais selvagens Controlo dos predadores Povoamento (criação de animais em condições artificiais e sua libertação na natureza) Introdução de espécies exóticas Criação de refúgios (áreas protegidas). A Lei Lacey de 1900 regulamentou o transporte interestadual de caça morta ilegalmenteA Lei Lacey de 1900 regulamentou o transporte interestadual de caça morta ilegalmente O Serviço de Pesca e Vida Selvagem dos EUA foi criado em 1905O Serviço de Pesca e Vida Selvagem dos EUA foi criado em 1905 A Lei de Conservação das Aves Migratórias assinada com o Canadá e o MéxicoA Lei de Conservação das Aves Migratórias assinada com o Canadá e o México Os esforços compensaram e as populações de animais selvagens aumentaram devido a melhorias no habitat.Os esforços compensaram e as populações de animais selvagens aumentaram devido a melhorias no habitat.
- Era do Habitat e da Colheita (1935 a 1965) O habitat foi reconhecido como um fator importante para a vida selvagemO habitat foi reconhecido como um fator importante para a vida selvagem Os biólogos acreditavam que a vida selvagem poderia existir com sucesso se houvesse comida, água, cobertura e espaço suficientesOs biólogos acreditavam que a vida selvagem poderia existir com sucesso se houvesse comida, água, cobertura e espaço suficientes, cobertura e espaço suficientes Foram criadas Unidades Cooperativas de Investigação sobre a Vida Selvagem para obter mais conhecimentos sobre a vida selvagem e as suas necessidades em termos de habitat Foram criadas Unidades Cooperativas de Investigação sobre a Vida Selvagem para obter mais conhecimentos sobre a vida selvagem e as suas necessidades em termos de habitat A Lei Pittman Robertson de 1937 tributou as armas e munições desportivas, destinando as receitas à investigação e A Lei Pittman Robertson de 1937 tributou as armas de desporto e as munições, destinando as receitas à investigação e à

rápido declínio em termos de número. Por exemplo, Edward Pritchard Gee (um naturalista) referiu que, no início do século XX, a Índia albergava cerca de 40000 tigres. No entanto, um recenseamento efectuado em 1972 mostrou que este número diminuiu drasticamente para cerca de 1827.

2. Uma diminuição drástica da flora e da fauna pode causar um desequilíbrio ecológico, que afecta muitos aspectos do clima e do ecossistema.

3. A lei mais recente aprovada durante a era britânica a este respeito foi a Lei de Proteção das Aves e Animais Selvagens, de 1935. Esta lei precisava de ser actualizada, uma vez que as penas aplicadas aos caçadores furtivos e aos comerciantes de produtos da vida selvagem eram desproporcionadas em relação aos enormes benefícios financeiros que lhes eram atribuídos.

4. Antes da promulgação desta lei, existiam apenas cinco parques nacionais na Índia.

Características principais da Lei da Proteção da Vida Selvagem

Esta lei prevê a proteção de uma lista de espécies de animais, aves e plantas, bem como a criação de uma rede de áreas protegidas de importância ecológica no país.

- A lei prevê a formação de conselhos consultivos sobre a vida selvagem, guardas da vida selvagem, especifica os seus poderes e deveres, etc.
- Ajudou a Índia a tornar-se parte da Convenção sobre o Comércio Internacional das Espécies da Fauna e da Flora Selvagens Ameaçadas de Extinção (**CITES**).
- A CITES é um tratado multilateral com o objetivo de proteger animais e plantas ameaçados de extinção.
- É também conhecida como a **Convenção de Washington** e foi adoptada na sequência de uma reunião dos membros da UICN.
- Pela primeira vez, foi elaborada uma lista exaustiva dos animais selvagens ameaçados de extinção no país.
- A lei proíbe a **caça de espécies ameaçadas de extinção**.
- Os animais classificados são proibidos de serem comercializados de acordo com as disposições da lei.
- A lei prevê a concessão de licenças para a venda, transferência e posse de algumas espécies da fauna selvagem.
- Prevê a criação de santuários de vida selvagem, parques nacionais, etc.
- As suas disposições abriram caminho à criação da **Autoridade Central dos Jardins Zoológicos**. Este é o organismo central responsável pela supervisão dos jardins zoológicos na Índia. Foi criado em 1992.
- A lei criou **seis tabelas** que conferem diferentes graus de proteção a classes de flora e fauna.
- O Anexo I e o Anexo II (Parte II) beneficiam de uma proteção absoluta e as infracções a estes anexos são punidas com penas máximas.
- Os calendários incluem igualmente as espécies que podem ser caçadas.

- O **Conselho Nacional para a Vida Selvagem** foi constituído como uma organização estatutária ao abrigo das disposições desta lei.

- Trata-se de um conselho consultivo que aconselha o governo central sobre questões relacionadas com a conservação da vida selvagem na Índia.
- É também o órgão de cúpula que analisa e aprova todas as questões relacionadas com a vida selvagem, projectos de parques nacionais, santuários, etc.
- A principal função do Conselho é promover a conservação e o desenvolvimento da vida selvagem e das florestas.

- É presidido pelo Primeiro-Ministro.

- A lei prevê igualmente a criação da **Autoridade Nacional para a Conservação do Tigre.**

- É um órgão estatutário do Ministério do Ambiente, das Florestas e das Alterações Climáticas com uma função global de supervisão e coordenação, desempenhando as capacidades previstas na lei.
- O seu mandato consiste em reforçar a conservação dos tigres na Índia.
- A proposta confere autoridade legal ao **Projeto Tigre**, que foi lançado em 1973 e colocou o tigre em perigo de extinção numa via garantida de recuperação, protegendo-o da extinção.

Áreas protegidas ao abrigo da Lei de Proteção da Vida Selvagem

A lei prevê cinco tipos de zonas protegidas. Estes são descritos a seguir.

1. Santuários: -Santuário é um local de refúgio onde a vida selvagem ferida, abandonada e maltratada é autorizada a viver em paz no seu ambiente natural sem qualquer intervenção humana.

1. São zonas naturais onde as espécies ameaçadas de extinção são protegidas da caça furtiva, da caça e da predação.
2. Aqui, os animais não são criados para exploração comercial.
3. As espécies são protegidas de qualquer tipo de perturbação.
4. Não é permitido capturar ou matar animais dentro dos santuários.
5. Um santuário de vida selvagem é declarado pelo Governo do Estado através de uma notificação. Os limites podem ser alterados por uma resolução da Assembleia Legislativa do Estado.
6. São permitidas actividades humanas como o abate de árvores, a recolha de produtos florestais menores e os direitos de propriedade privada, desde que não interfiram com o bem-estar dos animais. **É permitida uma atividade humana limitada.**
7. Estão abertos ao público em geral. Mas não é permitida a entrada de pessoas sem escolta. Há restrições quanto a quem pode entrar e/ou residir dentro dos limites do santuário. Só são autorizados os funcionários públicos (e a sua família), as pessoas que possuem bens imóveis no interior, etc. As pessoas que utilizam as auto-estradas que atravessam os santuários também são autorizadas a entrar.
8. Os limites dos santuários não são geralmente fixos e definidos.
9. Biólogos e investigadores são autorizados a entrar para poderem estudar a zona e os seus habitantes.
10. O **guarda-chefe da vida selvagem (que é a autoridade responsável pelo controlo, gestão e manutenção de todos os santuários)** pode conceder autorização a pessoas para entrarem ou residirem no santuário para o estudo da vida selvagem, investigação científica, fotografia, transação de qualquer negócio lícito com pessoas que residam no interior e turismo.
11. Os santuários podem ser melhorados para o estatuto de "parque nacional".
12. **Exemplos:** Indian Wild Ass Sanctuary (Rann of Kutch, Gujarat); Vedanthangal Bird Sanctuary em Tamil Nadu (o mais antigo santuário de aves da Índia); Dandeli Wildlife Sanctuary (Karnataka).

2. Parques Nacionais: -Parques Nacionais são as áreas que são definidas pelo governo para servir o ambiente natural.

1. Um parque nacional tem mais restrições do que um santuário de vida selvagem.
2. Os parques nacionais podem ser declarados pelo Governo do Estado através de uma notificação. A alteração dos limites de um parque nacional só pode ser efectuada mediante

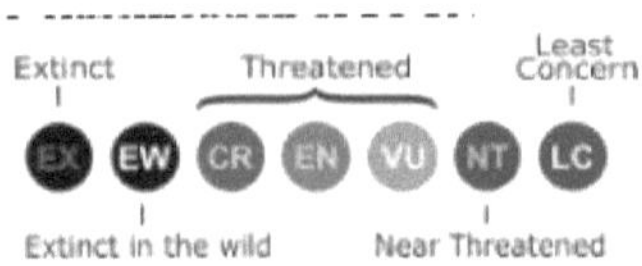

Classificação da IUCN: Criticamente em Perigo, Em Perigo e Vulnerável. A **União Internacional para a Conservação da Natureza (IUCN)** é a maior e mais antiga organização ambiental do mundo.

Extinto Ameaçado

A regra da IUCN

O nosso trabalho. A UICN compromete-se a **respeitar e a aproveitar as perspectivas e a capacidade de ação de todos os cidadãos, especialmente dos jovens, que constituem quase um quinto da população mundial**. Os direitos dos povos indígenas e das comunidades locais sustentam o seu papel central na conservação, enquanto líderes e guardiães da biodiversidade.

Importância da Lista Vermelha da IUCN - A Lista Vermelha da IUCN é um indicador crítico da saúde da biodiversidade mundial. Muito mais do que uma lista de espécies e do seu estado, é uma ferramenta poderosa para informar e catalisar acções para a conservação da biodiversidade e para a mudança de políticas, essenciais para proteger os recursos naturais de que necessitamos para sobreviver.

Quantos países fazem parte da UICN?

A UICN tem escritórios em **mais de 50 países** e desenvolve projectos em todo o mundo. Temos organizações membros e membros estatais em mais de 160 países e uma rede de mais de 15.000 cientistas e peritos voluntários em todo o mundo.

O que é a Lista Rosa da IUCN?

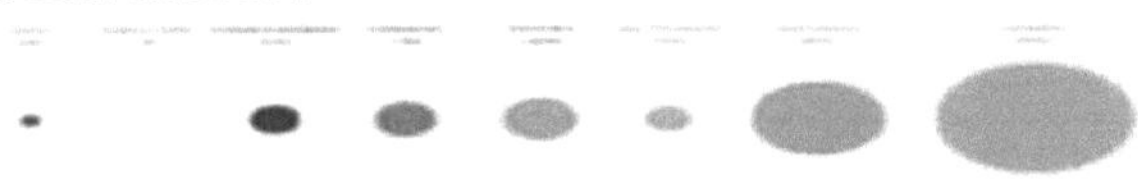

As páginas cor-de-rosa desta publicação incluem as **espécies criticamente ameaçadas**. À medida que o estado das espécies se altera, são enviadas novas páginas aos subscritores. As páginas verdes são utilizadas para as espécies anteriormente ameaçadas mas que já recuperaram e deixaram de estar ameaçadas.

Dr. S. UMAMAHESWARI

Quantas plantas constam da Lista Vermelha da IUCN?

Plantas - A Lista Vermelha da IUCN inclui **mais de 61 000** espécies de plantas, representando cerca de 14% das plantas conhecidas no mundo.

Quantas espécies da Índia constam da Lista Vermelha da IUCN?

Contém **132 espécies** de plantas e animais da Índia classificadas como criticamente ameaçadas de extinção.

Quais são os dois objectivos da IUCN?

A UICN trabalha para **ajudar os países a integrar a natureza nas decisões económicas, incluindo tornar o sector privado parte da solução para as pessoas e a natureza**. A UICN monitoriza os impactos das alterações climáticas na natureza e orienta a conservação e a recuperação dos ecossistemas para ajudar a atenuar e a adaptar-se a essas alterações.

Quem utiliza a Lista Vermelha da IUCN?

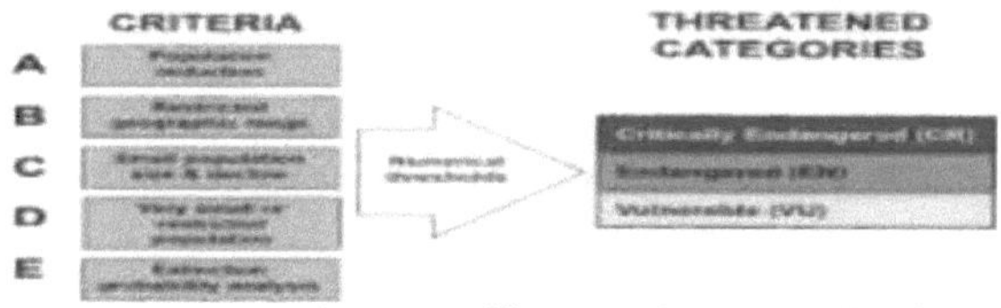

Várias pessoas, governos e organizações utilizam a Lista Vermelha da IUCN. Decisores políticos internacionais, agências governamentais, departamentos de vida selvagem e organizações não governamentais (ONG) utilizam os dados para apoiar e planear acções e prioridades de conservação.

Quais são as 5 plantas mais ameaçadas de extinção?

5 espécies de plantas ameaçadas de extinção na Índia

1. O mogno de Malabar. Esta árvore é conhecida pela sua madeira durável, o que levou a um aumento da procura e, por conseguinte, é cultivada para complementar o consumo crescente de madeira.
2. Musli.
3. Sândalo vermelho.
4. Teixo de Assam Catkin.
5. Ébano.

Qual é a atual designação da UICN?

União Internacional para a Conservação da Natureza - União Internacional **para a Conservação da Natureza** (UICN), na sua totalidade União Internacional para a Conservação da Natureza e dos Recursos Naturais, anteriormente designada União Mundial para a Conservação da Natureza, rede de organizações ambientais fundada como União Internacional para a Proteção da Natureza em outubro de 1948 em Fontainebleau, França

Quando foi criada a UICN?

5 de outubro de 1948, Fontainebleau, França

União Internacional para a Conservação da Natureza / Fundada

A UICN (União Internacional para a Conservação da Natureza) foi criada em **5 de outubro de 1948** na cidade francesa de Fontainebleau. Sendo a primeira união ambiental global, reunimos os governos e a sociedade civil com o objetivo comum de proteger a natureza.

Dados vermelhos da IUCN?

Definições): **Dados que não estão protegidos por encriptação**. Também conhecida como dados não encriptados

O que é uma espécie da lista azul?

As espécies ou comunidades ecológicas da lista azul estão **em risco, mas não estão extirpadas, em perigo ou ameaçadas**. Amarelo: Inclui espécies ou comunidades ecológicas que estão aparentemente seguras e não correm risco de extinção. As espécies incluídas na lista amarela podem ter subespécies incluídas na lista vermelha ou azul.

Quais são as cinco maiores ameaças às espécies ameaçadas de extinção?

Centrando-nos nas ameaças dominantes, a percentagem de espécies para as quais uma determinada ameaça era o principal fator que as empurrava para a extinção era a seguinte: **destruição do habitat 71,3%, sobre-exploração 7,4%, invasoras 6,8%, poluição 4,7%, alterações climáticas e clima 1,8%**

União Internacional para a Conservação da Natureza (UICN) - Notas de Ambiente UPSC

A União Internacional para a Conservação da Natureza e dos Recursos Naturais (UICN) publica o Livro Vermelho em **1964**. A UICN foi fundada em 1948 e tem como objetivo a conservação das espécies com a ajuda do conhecimento científico e da cooperação internacional.

A IUCN é uma organização internacional que trabalha no domínio da conservação da flora e da fauna mundiais. Trata-se de um organismo internacional importante, especialmente à luz da Lista Vermelha da IUCN. Neste artigo, pode ler tudo sobre a IUCN, as suas origens e áreas de trabalho, para as secções de ambiente e ecologia do exame UPSC.

A Cimeira Mundial da Juventude da UICN sobre a natureza terá lugar em linha de 6 a 16 de abril de 2021. Mais de 10 000 jovens vão ligar-se e trocar ideias em linha na primeira Cimeira Mundial da Juventude da União Internacional para a Conservação da Natureza (UICN).

- A Cimeira Mundial da Juventude abordará temas como a relação entre as pessoas e a natureza, as alterações climáticas, a conservação da água doce e marinha, a tecnologia e a inovação, e os direitos, a governação e a justiça social. A cimeira é inspirada na campanha #NatureForAll.

O que é a IUCN?

A IUCN é uma união mundial composta por organizações governamentais e da sociedade civil. Com mais de 1400 organizações como membros, a IUCN é uma autoridade internacional sobre o estado do mundo natural.

- Trabalha no domínio do desenvolvimento sustentável e recomenda também medidas para combater o esgotamento dos recursos.
- Trabalha para conservar as várias espécies de flora e fauna.
- Os seus membros incluem Estados, organizações não governamentais, organizações de povos indígenas, peritos, agências governamentais, etc.
- Criada em 1948, a UICN possui as ferramentas e o repositório de conhecimentos para ajudar o mundo a conservar a natureza e a garantir um desenvolvimento sustentável.
- Quando foi criada em Fontainebleau (França), foi a primeira união internacional do ambiente. O seu objetivo era promover a cooperação internacional e fornecer conhecimentos e instrumentos científicos para apoiar as acções de conservação.
- Criou a Lista Vermelha de Espécies Ameaçadas da IUCN em 1964.
- Desempenhou também um papel importante na formação de importantes convenções internacionais, como a Convenção de Ramsar sobre as Zonas Húmidas, a Convenção sobre o Comércio Internacional das Espécies Ameaçadas de Extinção, a Convenção do Património Mundial e a Convenção sobre a Diversidade Biológica.
- Em 1980, em parceria com o PNUA e o Fundo Mundial para a Natureza (WWF), a UICN publicou a **Estratégia Mundial para a Conservação**, um documento que ajudou a definir o conceito de "desenvolvimento sustentável" e moldou a agenda global da conservação e do desenvolvimento sustentável.
- Em 1992, à luz das crescentes preocupações ambientais, as Nações Unidas concederam o estatuto de observador oficial à IUCN.
- Atualmente, a IUCN é a maior e mais diversificada rede ambiental.

Como funciona a UICN?

- A UICN organiza o **Congresso Mundial de Conservação da UICN** de quatro em quatro anos.

- O Congresso reúne os seus vários membros, que votam as recomendações e definem a agenda para os esforços globais de conservação.

O principal órgão diretivo da UICN é o Conselho da UICN, que orienta a organização entre as sessões do Congresso.

- Os membros elegem os presidentes das comissões, que exercem um mandato de quatro anos.
- O Secretariado da UICN situa-se em Gland, na Suíça.

• O Secretariado é dirigido por um Diretor-Geral.

• A UICN tem 8 gabinetes regionais e outros gabinetes em mais de 50 países.

As organizações internacionais importantes para a perspetiva do exame UPSC são as seguintes

Nações Unidas Organização Desenvolvimento Industrial (UNIDO)	Mundial Ambiente Facilidade - GEF	Organização Aviação Internacional Civil
Organização para e Desenvolvimento para a económico Cooperação (OCDE)	Fundo Internacional para Desenvolvimento agrícola	Nações Unidas Conferência sobre o Comércio e desenvolvimento (UNCTAD)
Fundo Internacional de Desenvolvimento Agrícola (FIDA)	Ambiente das Programa das Nações Unidas Nações (PNUA)	Associação das Nações do Sudeste Asiático (ASEAN)

Lista Vermelha da IUCN

A Lista Vermelha da IUCN, compilada pela IUCN, é considerada a fonte de informação mais completa do mundo sobre o estado de risco de extinção das espécies de plantas, animais e fungos. Fornece informações sobre o tamanho da população, a área de distribuição, o habitat, a ecologia, a utilização e/ou o comércio, as ameaças e as acções de conservação que ajudarão a informar as decisões de conservação necessárias.

Quantas espécies constam da Lista Vermelha da IUCN?

Existem 116000 espécies na Lista Vermelha.

A Índia é membro da IUCN?

Sim, a Índia é membro da IUCN. Tornou-se membro em 1969, através do Ministério do Ambiente, das Florestas e das Alterações Climáticas.

O que é a classificação IUCN?

A IUCN classifica as espécies com base no seu estado de extinção/conservação como extintas (EX), extintas no estado selvagem (EW), criticamente em perigo (CR), em perigo (EN), vulneráveis (VU), quase ameaçadas (NT), menos preocupantes (LC), com dados insuficientes (DD) e não avaliadas (NE).

CITES - Convenção sobre o Comércio Internacional das Espécies da Fauna e da Flora Selvagens Ameaçadas de Extinção

A forma completa da CITES é a Convenção sobre o Comércio Internacional das Espécies da Fauna e da Flora Selvagens Ameaçadas de Extinção. A CITES é um acordo internacional entre governos com o objetivo de preservar as plantas e os animais do planeta, garantindo que o comércio internacional dos seus espécimes não ameaça a sua sobrevivência. Foi adotado em 1963 e entrou em vigor em 1975.

O que é a CITES?

A CITES foi concebida em 1963, numa reunião da União Internacional para a Conservação da

Natureza (UICN).

- Entrou em vigor em 1975 e é constituída por 183 países membros até à data, que cumprem os regulamentos da CITES através da implementação de legislação dentro das suas próprias fronteiras para fazer cumprir esses regulamentos.
- Situada em Genebra, na Suíça, a CITES é administrada pelas Nações Unidas sob a alçada do PNUA (Programa das Nações Unidas para o Ambiente).
- A Convenção das Partes da CITES é o órgão supremo de decisão da Convenção e inclui todas as suas Partes.
- A última CoP (17.ª) realizou-se em Joanesburgo (África do Sul), em 2016. A Índia acolheu a CoP (3.ª) em 1981.
- Embora a CITES seja juridicamente vinculativa para as Partes, não substitui as leis nacionais.
- Pelo contrário, fornece um quadro a respeitar por cada Parte, que tem de adotar a sua própria legislação nacional para garantir a aplicação da CITES a nível nacional.

A CITES classifica as plantas e os animais em três categorias, com base no seu grau de ameaça.

- Cerca de 5.600 espécies de animais e 30.000 espécies de plantas são protegidas pela CITES contra a sobre-exploração através do comércio internacional.

São enumeradas nos três apêndices da CITES a seguir mencionados:

Apêndice	Descrição	Exemplos de espécies
Apêndice I da CITES	- Espécies em **perigo de extinção** O comércio é proibido. São necessárias autorizações para a importação e exportação. O comércio só é permitido para fins de investigação se o país de origem garantir que o comércio não prejudicará as hipóteses de sobrevivência da espécie.	• Leões e tigres asiáticos (comércio de pele de tigre). • Tartarugas marinhas, gorilas, orquídeas lady slippers (a maioria das espécies), etc. A lista inclui um total de 931 espécies.
Apêndice II da CITES	• Espécies que não estão em vias de extinção iminente, mas que **necessitam de monitorização para que o comércio não se torne uma ameaça**. • As licenças de comércio são obtidas legalmente e apenas se o país de origem garantir que a sua colheita e comércio não prejudicam as hipóteses de sobrevivência da espécie.	AmericanAlligators (Comércio de pele de crocodilo) Paddlefish, Mahogany, corais, etc. A lista inclui um total de 34 419 espécies.
Apêndice III da CITES	• Espécies que estão protegidas em pelo menos um país. • Os regulamentos relativos a estas espécies variam, mas normalmente o país que solicitou a inclusão na lista pode emitir licenças de exportação e a exportação a partir de outros países requer um certificado de origem.	Texugo-do-mato (para fins medicinais ou de carne de animais selvagens) Morsas, tartarugas do mapa, certos escaravelhos, etc. Total de 147 espécies na lista.

- As espécies podem ser acrescentadas ou retiradas dos apêndices I e II, ou ser transferidas

entre eles,
apenas pela Conferência das Partes.

• No entanto, as espécies podem ser acrescentadas ou retiradas do Apêndice III em qualquer altura e por qualquer Parte, unilateralmente.

Estrutura da CITES

A imagem que se segue, retirada do sítio Web oficial da CITES (https://www.cites.org/), apresenta a
estrutura:

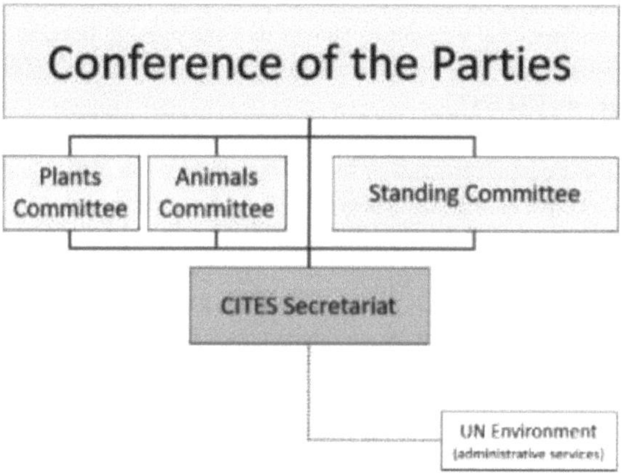

CITES COP

A Conferência das Partes (COP) reúne-se de dois em dois ou de três em três anos. A **última COP foi a COP18 da CITES**, que teve lugar em agosto de 2019 em Genebra, na Suíça. A **COP3 da CITES teve lugar na Índia** em 1981, em Nova Deli.

CITES Índia

• A Índia é parte na CITES desde **1976**.

• Devido à sua extrema diversidade, a Índia é reconhecida em todo o mundo por albergar até 78% de todas as espécies registadas pela CITES.

• Dos 34 hotspots globais de biodiversidade no mundo, a Índia tem 4 deles: Ghats ocidentais, Sundaland, Himalaias e região da Indo-Birmânia.

• Enquanto parte ativa da CITES, a Índia proíbe o comércio internacional de espécies selvagens ameaçadas de extinção.

• A Índia adoptou várias medidas para controlar as ameaças das espécies exóticas invasoras.

• Para o efeito, o comércio é regulado por certificados de exportação e licenças de importação.

A Índia na COP18/2019

A Índia propôs o reforço da proteção das seguintes espécies animais:

• Lontra de pelo liso e lontra de patas pequenas, tartaruga estrela da Índia

• Lagartixa de Tokay, peixe-cunha e pau-rosa indiano

A CITES é juridicamente vinculativa?

• A CITES (Convenção sobre o Comércio Internacional das Espécies da Fauna e da Flora Selvagens Ameaçadas de Extinção) é um acordo internacional entre governos.

- Embora a participação seja voluntária, os países membros concordaram em ficar vinculados à Convenção, conhecidos como as Partes.
- A CITES é juridicamente vinculativa para as Partes, mas não substitui a legislação nacional.

O que é uma licença CITES?

- A **Convenção sobre o Comércio Internacional das Espécies da Fauna e da Flora Selvagens Ameaçadas de Extinção (CITES)** é um acordo internacional entre governos que tem por objetivo garantir que **o comércio internacional** de espécimes de animais e plantas selvagens não ameace a sua sobrevivência.
- O comércio internacional é regulado através da concessão de licenças e certificados de importação e exportação emitidos apenas quando estão reunidas determinadas condições.

A Índia é membro da CITES?

- A Índia é parte na CITES desde 1976.
- Devido à sua extrema diversidade, a Índia é reconhecida em todo o mundo por albergar até 78% de todas as espécies registadas pela CITES.
- Enquanto parte ativa da CITES, a Índia proíbe o comércio internacional de espécies selvagens ameaçadas de extinção.

NBA AUTORIDADE NACIONAL PARA A BIODIVERSIDADE

LEI DA DIVERSIDADE BIOLÓGICA DE 2002

A Lei da Diversidade Biológica de 2002 foi aprovada pelo Parlamento da Índia para proteger a biodiversidade e facilitar a gestão sustentável dos recursos biológicos com as comunidades locais.

A lei foi promulgada para cumprir os requisitos estipulados pela Convenção das Nações Unidas sobre a Diversidade Biológica (CDB), da qual a Índia é parte.

Panorama da Lei da Diversidade Biológica de 2002

O principal objetivo da lei é assegurar a **conservação da diversidade biológica**, a **utilização sustentável dos seus componentes** e a **utilização justa dos seus recursos**, a fim de evitar a sobreutilização ou a eventual destruição da biodiversidade.

Uma vez que a Índia é uma das nações com maior diversidade biológica do mundo, esta lei é uma necessidade para proteger o seu património biológico.

As principais características da Lei da Diversidade Biológica são as seguintes

- Regulamentação do acesso aos recursos biológicos do país
- Conservação e sustentabilidade da diversidade biológica
- Proteção dos conhecimentos das comunidades locais em matéria de biodiversidade
- Garantir a partilha dos benefícios com as populações locais enquanto conservadores dos recursos biológicos e detentores de conhecimentos e informações relativos à utilização dos recursos biológicos
- Proteção e reabilitação de espécies ameaçadas
- Envolvimento das instituições dos governos estaduais no esquema geral da aplicação da Lei da Diversidade Biológica através da criação de comités específicos.

Qualquer infração ao abrigo da presente lei é inafiançável e cognoscível

- Quaisquer queixas relacionadas com a determinação da partilha de benefícios ou com a ordem da Autoridade Nacional para a Biodiversidade ou de um Conselho Estatal para a Biodiversidade ao abrigo da presente lei devem ser levadas ao Tribunal Verde Nacional (NGT).

Isenções da Lei da Diversidade Biológica

- A lei exclui os recursos biológicos indígenas que são normalmente comercializados como mercadorias.

- Esta isenção só é válida na medida em que os recursos biológicos sejam utilizados como mercadorias e não para outros fins.

- A lei também exclui as utilizações tradicionais dos recursos biológicos indianos e dos conhecimentos associados e quando estes são utilizados em projectos de investigação em colaboração entre instituições indianas e estrangeiras com a aprovação do governo central.
- As utilizações por cultivadores e raças, por exemplo, agricultores, criadores de gado e apicultores e curandeiros tradicionais, por exemplo, vaids e hakims, também estão isentas.

Autoridade Nacional para a Biodiversidade

Para executar as disposições da lei, o Governo da Índia criou, em 2003, a Autoridade Nacional para a Biodiversidade (NBA) no âmbito do Ministério do Ambiente e das Florestas. A NBA é um organismo estatutário e autónomo com sede em Chennai. Foram igualmente criados Conselhos Estaduais da Biodiversidade (SBB) nos 29 Estados, bem como comités de gestão biológica para cada organismo local.

Ao abrigo deste ato, o Governo Central, em consulta com a NBA:

- Deve notificar as espécies ameaçadas e proibir ou regulamentar a sua recolha, reabilitação e conservação. Consulte a lista vermelha da IUCN para saber mais sobre as espécies ameaçadas de extinção.
- Designar instituições como repositórios de diferentes categorias de recursos biológicos

As **funções da Autoridade Nacional para a Biodiversidade** são as seguintes

- Acompanhamento e prevenção de acções proibidas pela lei.
- Prestação de aconselhamento ao governo sobre a melhor forma de conservar a biodiversidade na Índia.
- Preparar um relatório sobre a forma como o governo pode selecionar sítios do património biológico.
- Tomar medidas concretas para impedir a concessão de direitos de propriedade intelectual sobre os recursos biológicos utilizados localmente ou sobre os conhecimentos tradicionais associados.

Estrutura da NBA

A Autoridade Nacional para a Biodiversidade é composta pelos seguintes membros, a nomear pelo governo central, nomeadamente

- A Presidente.
- Três membros ex officio, um em representação do Ministério responsável pelos Assuntos Tribais e dois em representação do Ministério responsável pelo Ambiente e Florestas.
- Sete membros ex-officio para representar, respetivamente, os Ministérios do Governo Central que tratam de:
- Investigação e ensino agrícola
- Biotecnologia
- Desenvolvimento dos oceanos
- Agricultura e cooperação
- Sistemas indianos de medicina e homeopatia
- Ciência e tecnologia
- Investigação Científica e Industrial;

Se qualquer pessoa singular ou colectiva estrangeira pretender obter conhecimentos ou recursos conexos para efeitos de investigação, levantamento e utilização comercial, terá de obter uma autorização da NBA. Os cidadãos ou empresas indianos que pretendam fazer o mesmo devem obter autorização dos respectivos Conselhos Estaduais de Biodiversidade.

O resultado de uma investigação que tenha utilizado recursos biológicos da Índia não pode ser entregue a um estrangeiro ou a uma empresa estrangeira sem o consentimento da NBA. Mas tal aprovação não é necessária para a publicação da investigação numa revista feita por instituições afiliadas ao Governo Central ou aprovadas por este.

Conselhos Estaduais de Biodiversidade (SBBs)

Os SBB são criados pelos governos estaduais em conformidade com a secção 22 da lei e tratam de todas as questões relacionadas com o acesso dos indianos para fins comerciais.

Funções dos SBBs

- Aconselhar o Governo do Estado sobre questões de biodiversidade e sua distribuição equitativa ou sobre questões relacionadas com a conservação, utilização sustentável ou partilha de benefícios equitativos.
- Regulamentar a concessão de aprovações ou outros pedidos de utilização comercial ou de bio-pesquisa e bio-utilização de qualquer recurso biológico pelas pessoas.

Estrutura das SSB

O Conselho Estadual de Biodiversidade é composto pelos seguintes membros:

- Um presidente
- Não mais de cinco membros ex officio para representar os departamentos em causa do Governo do Estado
- Não mais de cinco membros de entre peritos em questões relacionadas com a conservação da diversidade biológica, a utilização sustentável dos recursos biológicos e a partilha equitativa dos benefícios decorrentes da utilização dos recursos biológicos.
- Todos os membros do SBB são nomeados pelos respectivos governos estaduais.

IBA O que é um ambiente IBA?

Uma Área Importante para as Aves e a Biodiversidade (IBA) é **uma área identificada através de um conjunto de critérios acordados internacionalmente como sendo globalmente importante para a conservação das populações de aves**.

Quantas IBAs existem na Índia?

O livro apresenta um mapa das **20 IBAs** e é ilustrado com 77 fotografias. O livro será útil para as agências governamentais, como o departamento florestal, conservacionistas, investigadores e observadores de aves

Porque é que o IBA é importante?

O programa IBA **identifica e tem como objetivo a conservação de áreas vitais para as aves e outra biodiversidade**. O objetivo do programa é minimizar os efeitos que a perda e a degradação do habitat têm sobre as aves e outra biodiversidade. Os fundos fiduciários têm sido um parceiro importante do programa IBA.

Que país tem a maior diversidade de aves?

Colômbia - Com 1826 espécies, **a Colômbia** tem mais espécies de aves do que qualquer outro país do mundo.

Que país é popular pelas aves do paraíso?

Flor de ave-do-paraíso, (Strelitzia reginae), também chamada flor de grou, planta ornamental da família Strelitziaceae originária da **África do Sul**.

Quem declara as Zonas Importantes para as Aves na Índia?

A declaração da IBA indiana é o resultado de cinco anos de trabalho exaustivo da **equipa da**

IBA e de um grande número de pessoas: muitos ornitólogos amadores e profissionais, observadores de aves, conservacionistas, funcionários florestais e pessoas interessadas em aves.

Que factores afectam a diversidade das aves?

Foram identificadas três características dos **habitats da paisagem** que têm um efeito na diversidade das aves: (1) as florestas diminuíram o número de aves, exceto no caso das florestas quebra-ventos; (2) os habitats naturais e os habitats relacionados com as terras agrícolas tiveram um efeito mais elevado na riqueza das espécies de aves; e (3) os habitats naturais tiveram um efeito mais elevado na regularidade das espécies de aves.

Qual é a única ave que não pode voar?

Pode parecer estranho que entre as mais de 10.000 espécies de aves existentes no mundo atual exista um grupo que literalmente não consegue voar nem cantar e cujas asas são mais penugem do que penas. São as ratitas: a **avestruz, a emu, a ema, o kiwi e o casuar**

Que estado tem o maior santuário de aves?

O território da união das ilhas Andaman **e Nicobar** tem o número máximo de santuários de vida selvagem. De acordo com a National Wildlife Database, a ilha de Andaman e Nicobar tem 96 santuários de vida selvagem.

Santuário de aves de Vedanthangal

O Santuário de Aves de Vedanthangal é uma pequena, mas importante, área protegida no distrito de Chengalpattu, a sul de Chennai. É o mais antigo santuário de aves aquáticas da Índia e alberga mais de 40 000 aves todos os Invernos, incluindo muitos migradores e numerosas espécies raras

Qual é o maior santuário de aves da Índia?

Perguntas frequentes sobre os santuários de aves na Índia

O Santuário de Aves de Bharatpur, atualmente conhecido como Parque Nacional de Keoladeo, é considerado o maior da Ásia. A área do santuário é de cerca de 1,30 km.

PROJECTO TIGRE

INTRODUÇÃO AO PROJECTO TIGER:

O tigre (Panthera tigris) tem sido parte integrante da vida e da lenda da humanidade. O tigre tem sido temido e venerado, caçado e adorado; tem encontrado o seu lugar no folclore e nas canções de embalar, nos livros de culto, na ficção popular e em inúmeras histórias de heroísmo, bravura e aventura.

Atualmente, o tigre é uma espécie em perigo de extinção e foi incluído no Livro Vermelho. A população de tigres foi reduzida de 40.000 para 1.827 em 1972, principalmente devido à caça, à perda de habitat devido à desflorestação e à domesticação dos rios para satisfazer as necessidades humanas.

Tendo em conta o rápido declínio da população de tigres, o Conselho Indiano para a Vida Selvagem criou, em 1970, um grupo de trabalho especial para preparar um plano de ação destinado a conservar a população de tigres no país. Consequentemente, em 1 de abril de 1973, foi lançado o "Projeto Tigre".

Objectivos do Projeto Tiger:

1. Assegurar a manutenção de uma população viável de tigres na Índia por motivos científicos, económicos, estéticos, culturais e ecológicos.
2. Preservar, para sempre, as áreas de importância biológica como património nacional para benefício, educação e gozo do povo.

Princípios das reservas de tigres:

Em 1973-74 foram criadas nove reservas de tigres - localizadas em 9 estados diferentes e cobrindo uma área total de 13.017 km2.

Baseava-se nos seguintes princípios:

1. Eliminação de todas as formas de exploração humana e de perturbação do núcleo e racionalização dessas actividades na zona-tampão.
2. Limitação da gestão do habitat à reparação dos danos causados pelo homem, com o objetivo de restaurar o ecossistema o mais próximo possível do seu funcionamento natural.
3. Pesquisar factos sobre o habitat e os animais selvagens e acompanhar cuidadosamente as alterações da flora e da fauna.

Processo de Conservação no Projeto Tigre:

A conservação do tigre (ou de qualquer outro animal selvagem) requer os seguintes conhecimentos:

1. O habitat natural do tigre e o seu hábito alimentar.
2. Sobre o hábito de reprodução e a época de reprodução dos tigres.
3. A sua relação com os outros animais.
4. O número de animais presentes num dado momento; razões para a sua diminuição ou aumento.
5. Locais de água potável e sua disposição.
6. Locais de cobertura e abrigo para os tigres.
7. Aprovação de leis para a sua proteção.

Níveis de conservação:

A conservação do tigre é efectuada aos seguintes níveis:

Nível I:

A população de tigres em qualquer reserva deve ser determinada periodicamente. As razões para o seu aumento ou diminuição devem ser registadas. Em caso de diminuição, as razões devem ser identificadas e devem ser adoptadas medidas adequadas.

Se encontrarem doenças graves, estas devem ser diagnosticadas e devem ser efectuados tratamentos imediatos. Se a diminuição do número de animais se deve à caça furtiva, deve ser mantida uma vigilância constante para manter os caçadores furtivos afastados.

Nível II:

A alimentação do tigre é constituída por veados, sambar, javalis, etc., pois é um carnívoro. Deve ter-se o cuidado de manter os animais de alimentação em número suficiente, para que o tigre não tenha de sair da floresta para se alimentar e ser morto pelos caçadores.

Nível III:

É essencial conhecer a época de reprodução dos tigres e o número de crias nascidas. As ninhadas devem ser protegidas de todos os tipos de perigo, incluindo doenças. As ninhadas ou os tigres doentes devem ser aprisionados e tratados e, mais tarde, libertados no seu habitat natural.

Iniciativas e êxitos na conservação do tigre:

A primeira estimativa oficial da população de tigres indianos foi efectuada em 1972. Foram registados cerca de 1.827 tigres em estado selvagem. Isto levou à criação de um grupo de trabalho no âmbito do IBWL que, em última análise, levou ao lançamento do "Projeto Tigre" em 1973, começando com nove locais em nove estados diferentes (Quadro 4.53):

Quadro 4.53: Relatório do censo do tigre de 1976 e os nove sítios iniciais do Projeto Tigre

Nome da reserva do tigre	Tigres

Sunderban (W.B.)	200
Manas (Assam)	41
Bandipur (Karnataka)	19
Kanha (M.P.)	51
Melghat f Maharashtra)	32
Ranthambhore (Rajastão)	20
Palamou (Bihar)	20
Simlipal (Orissa)	15
Parque Nacional de Corbett	35

O recenseamento de 1989 mostrou que o número de tigres tinha aumentado para 4 334, tanto nas reservas de tigres como noutras zonas de vida selvagem (Quadro 4.54). O número mais elevado (269) de tigres foi registado em Sunderbans, seguido de Kanha (97), Nagarjunsagar (97), Simlipal (93) e Manas (92).

No entanto, registou-se um declínio alarmante da população de tigres em algumas reservas de tigres como Kanha, Manas. Sariska National Park, etc., e nos dois estados do nordeste de Meghalaya e Arunachal Pradesh (que estão fora das reservas de tigres).

Quadro 4.54: População de tigres na Índia, por Estado

Não.	Estado	1972	1979	1984	1989	1993	1997
1.	Tamil Nadu	33	65	97	95	97	62
2.	Maharashtra	160	174	301	417	276	257
3.	Bengala Ocidental	73	296	352	353	335	361
4.	Karnataka	102	156	202	257	305	350
5.	Bihar	85	110	138	157	137	103
6.	Assam	147	3∞	376	376	325	458
7.	Rajastão	74	79	96	99	64	58
8	Madhya Pradesh	457	529	786	985	912	927
9.	Uttar Pradesn	262	487	698	735	465	475
10	Andnra Pradesh	35	148	164	235	197	171
11	Mizoram	-	65	33	18	28	12
12.	Gujarat	8	7	9	9	5	1
13	Goa Damão e DI u	-	-	-	2	3	6
14	Onssa	142	173	202	243	226	194
15.	Kerala	60	134	89	45	57	73
16.	Meghatya	32	35	125	34	53	"
17.	Manipur	1	10	6	31	-	©
18	Tnpura	7	6	5	-	-	©
19	Nagai e	80	102	104	104	83	O
20	Anjnachal Pradesh	69	139	219	135	180	O
21.	Sikkim	-	-	2	4	2	O
22	Haryana	-	-	1	-	-	N.R.
	Total	1.827	2,824	4.005	4,334	3.750	3.508

Em 1993, o número de reservas de tigres tinha aumentado para 19, com a leitura do censo (Quadro 4.54) a estimar um total de 3 750 tigres, dos quais a população das reservas de tigres era de 1 266 tigres. A região de M.P. registou a população mais elevada de 912 tigres, que, aliás, era a maior densidade de tigres em todo o mundo. Em 1993, foi lançada a segunda fase do "Project Tiger" para reorientar, reestruturar e reformular estratégias, de modo a salvar não só o tigre e o seu habitat, mas também a conservar toda a biodiversidade.

As orientações introduzidas foram as seguintes:

1. Estabelecer directrizes para o turismo nas reservas de tigres.
2. Assegurar a gestão das zonas-tampão de modo a garantir a disponibilidade de lenha e forragem adequadas para as populações que vivem nos arredores das reservas.
3. Integrar a população local através de programas de desenvolvimento ecológico.
4. Criar centros de interpretação da natureza.

Atualmente, a Reserva de Tigres aumentou para 27, distribuídas por todo o país e cobrindo uma área florestal de mais de 37 700 km2 (Quadro 4.55). O novo recenseamento da população de tigres está atualmente a ser realizado.

Quadro 4.55: Nome das reservas de tigres, ano de criação e área total

Sl. Não.	Ano *de* criação	Nome da reserva do tigre	Estado	Área total (km2)
1.	1973-74	Bandipur	Karnataka	866
	1999-2000	Nagarhole (extensão)		643
2.	1973-74	Corbett	Uttarakhand	1,316
*■	1973-74	Kanha	Madhya Pradesh	1,945
4.	1973-74	Manas	Assam	2,840
5.	1973-74	Melghat	Maharashtra	1,677
6.	1973-74	Palamau	Jharkhand	1,026
7.	1973-74	Ranthambhore	Rajastão	1,334
8.	1973-74	Simlipal	Orissa	2,750
9.	1973-74	Sunderbans	Bengala Ocidental	2,585
10.	1978-79	Periyar	Kerala	777
11.	1978-79	Sariska	Rajastão	866
12.	1982-83	Buxa	Bengala Ocidental	759
13.	1982-83	Indravati	Madhya Pradesh	2,799
14.	1982-83	Rajiv Gandhi	Andhra Pradesh	3,568
15.	1982-83	Namdapha	Pradesh do Arunachal	1,985
16.	1987-88	Dudhwa	Uttar Pradesh	811
	1999-2000	Katermaghat (extensão)		551
17.	1988-89	Kalakad-Mundanthurai	Tamil Nadu	800
18.	1989-90	Valmiki	Bihar	840
19.	1992-93	Pench	Madhya Pradesh	758
20.	1993-94	Tadoba-Andheri	Maharashtra	620
21.	1993-94	Bandhavgarh	Madhya Pradesh	1,162
22.	1994-95	Panna	Madhya Pradesh	542
23.	1994-95	Dampha	Mizoram	500
24.	1998-99	Bhadra	Karnataka	492
25.	1998-99	Pench	Maharashtra	257
26.	1998	Nameri	Assam	344
27.	1999-2000	Bori, Satpura, Panchmari	Madhya Pradesh	1,486
28.	2002	Pakhui	Pradesh do Arunachal	862
	Total			37,761

O Projeto Tigre representa o empenho do país na proteção da vida selvagem e é hoje reconhecido como uma história de sucesso em matéria de conservação. Sob a presidência do Primeiro-Ministro, um comité diretor fornece orientações para a gestão das reservas de tigres.

Estes projectos garantiram a proteção de todos os ecossistemas, o que resultou, ao longo dos anos, num aumento da população de tigres para mais do dobro.

A maior tragédia do Projeto Tigre:

O Projeto de Conservação do Tigre atingiu a maior tragédia quando a reserva de tigres de Namdapha, em Arunachal Pradesh, e Sariska, no Rajastão, foram varridas do seu majestoso animal. O último censo (2001-02) tinha declarado 22 tigres em Sariska e 61 em Namdapha.

Os funcionários do departamento de vida selvagem de Namdapha duvidam da presença de apenas um único grande felino na vasta reserva espalhada por 1.985 quilómetros quadrados. Mas mesmo esse tigre que Namdapha reclama atualmente não foi avistado pelos funcionários florestais.

Os funcionários culpam as fracas infra-estruturas e o número limitado de efectivos da linha da frente, sendo que cada efetivo tem de cobrir uma área de 65-70 quilómetros quadrados. Outra razão apontada para a tragédia é a presença da tribo Lisu que se instalou (originária de Myanmar) na reserva e que é quem caça os animais.

Conservação do tigre em Bengala Ocidental:

Atualmente, existem dois locais do "Projeto Tigre" em Bengala Ocidental - Sunderbans e Buxa.

Sundarbans:

Sunderbans é considerado o maior delta de progradação do mundo, constituído por pequenas ilhas atravessadas por uma rede de rios, canais e riachos. Situado no extremo sul de Bengala Ocidental, Sundarbans foi formado pelos sistemas fluviais Ganga-Brahmaputra. A maior parte de Sunderbans situa-se no Bangladesh.

A parte indiana abrange 9.630 km2, dos quais 2.585 km2 do Projeto Tigre. A área central (Parque Nacional) compreende 1.692 km2. Foi declarado "Património Mundial". O ecossistema único dos mangais contém vegetação caraterística dos mangais, como Sundri, Garan, Hetal, Keya, etc.

As ilhas albergam a maior população de tigres e também outras espécies animais como veados, macacos, vários tipos de cobras venenosas, etc. Nos canais e rios, os crocodilos de água salgada prosperam. A Índia e o Bangladesh elaboraram estratégias para trabalharem em conjunto em prol da causa dos tigres, o que poderá conduzir a uma maior atenção por parte do mundo.

Buxa:

Buxa está situada nos Dooars, no Norte de Bengala, e é o corredor crítico com Assam e o Butão. A população de tigres desta região atingiu um nível crítico devido à caça furtiva. No entanto, Buxa restabeleceu o seu estatuto primitivo através de medidas de melhoria do habitat, como a abertura do dossel, a plantação de gramíneas palatáveis e de espécies forrageiras, a gestão das águas subterrâneas, a proteção contra incêndios, etc. Foram também envidados esforços para reintroduzir as espécies faunísticas extintas.

O êxito do Projeto Tigre demonstrou que nenhuma espécie, independentemente da sua importância, pode ser conservada isoladamente. Os residentes de Sunderbans e Buxa estão conscientes de que a proteção dos tigres apenas serviria os seus próprios interesses. Além disso, estão cientes de que o investimento no âmbito do Projeto de Eco-desenvolvimento da Índia se deve ao seu habitat único para os tigres.

O Governo de Bengala Ocidental assumiu de todo o coração a causa da conservação e proteção do Tigre Real de Bengala e do seu habitat, como parte do seu compromisso de renovar e proteger o glorioso património do Estado

PROJECTO ELEFANTE

Este artigo fala do Projeto Elefante, da sua finalidade e objetivo, bem como dos factos e números relacionados com o êxito do projeto. Conhecerá também a lista das reservas de elefantes na Índia.

O que é o Projeto Elefante?

O Projeto Elefante é um programa patrocinado pelo Governo Central, lançado em fevereiro de 1992.

Através do regime do Projeto Elefante, o governo ajuda na proteção e gestão dos elefantes nos Estados que têm elefantes selvagens em população livre.

Garante a proteção dos corredores de elefantes e do habitat dos elefantes para a sobrevivência da população de elefantes na natureza.

Esta estratégia de conservação dos elefantes é aplicada principalmente em 16 dos 28 Estados ou territórios da União no país, que incluem Arunachal Pradesh, Assam, Andhra Pradesh, Chhattisgarh Jharkhand, Kerala, Karnataka, Meghalaya, Maharashtra, Nagaland, Orissa, Tamil Nadu, Uttaranchal, Uttar Pradesh e Bengala Ocidental.

O governo da União fornece ajuda técnica e financeira a estes Estados para que possam realizar e atingir os objectivos do projeto elefante. Além disso, é prestada assistência para efeitos de recenseamento e formação de funcionários no terreno, a fim de garantir a atenuação e a prevenção dos conflitos entre homens e elefantes.

Projeto Elefante - Um programa de sucesso para a conservação dos elefantes

O elefante indiano é amplamente visto em 16 dos 28 estados da Índia, especialmente na parte sul dos Ghats Ocidentais, no nordeste da Índia, no leste da Índia, no centro da Índia e no norte da Índia.

A espécie está incluída na lista de espécies protegidas de acordo com o Anexo I da Lei da Vida Selvagem Indiana (Proteção) de 1972 e na Convenção sobre o Comércio Internacional das Espécies da Flora e da Fauna Ameaçadas de Extinção (CITES).

De acordo com relatórios recentes, a população de elefantes na Índia está a demonstrar uma tendência estável em todas as reservas de elefantes na Índia. A população de elefantes no ano de 2012 foi estimada em 31 368, tendo descido para 27312 em 2017. A população de elefantes da Índia era de 27 682 em 2007. A população média ao longo do período foi de cerca de 26700.

As diferentes contagens foram atribuídas a uma diferença nos métodos de contagem. Alguns Estados, como Manipur, Mizoram, Bihar, Madhya Pradesh, Haryana, Himachal Pradesh e Andaman e Nicobar, registaram avistamentos pela primeira vez em 2017.

O quadro seguinte apresenta a última estimativa da população nos Estados onde existiam dados disponíveis:

Estado	Elefantes (2017-18)
Karnataka	6049
Assam	5719
Kerala	3054
Tamil Nadu	2761
Odisha	1976
Uttarakhand	1839
Meghalaya	1754

Pradesh do Arunachal	1614
Jharkhand	679

Nagaland	446
Chhattisgarh	247
Uttar Pradesh	232
Bengala Ocidental	194
Tripura	102
Andhra Pradesh	65
Bihar	25
Gujarat	10
Madhya Pradesh	7
Mizoram	7
Maharashtra	6

Há muito tempo que os ambientalistas estudam a razão pela qual os elefantes indianos estão em perigo de extinção. Chegaram à conclusão de que a conversão de habitats em terras agrícolas, o conflito entre humanos e elefantes e a ausência de corredores para elefantes na Índia eram as principais razões para o declínio da população de elefantes.

Devido às conclusões destes estudos, o "Projeto Elefante" foi lançado pelo Governo da Índia em 1992. A população destes animais era de cerca de 15000 quando o projeto foi iniciado e tem vindo a aumentar desde então.

Elefante - O animal do património nacional

No ano de 2010, o governo da Índia declarou o elefante como o animal do património nacional do país, com base nas recomendações do comité permanente do conselho nacional para a vida selvagem. Esta medida foi tomada para garantir uma proteção suficiente dos elefantes antes que o seu número caia para níveis de pânico como no caso dos tigres.

Foi proposta a criação de uma autoridade nacional para a conservação dos elefantes (NECA), nos moldes da NTCA, através da alteração da Lei de Proteção da Vida Selvagem de 1972.

Objectivos do Projeto Elefante

- Assegurar o bem-estar dos elefantes domesticados
- Proteção dos elefantes, dos seus habitats e dos corredores de elefantes.
- Mitigação e prevenção dos conflitos entre humanos e elefantes.

Objectivos do Projeto Elefante

- Desenvolver e promover estratégias de gestão científicas e planeadas para a conservação do elefante.
- Impedir o comércio ilegal de marfim e assegurar a proteção dos elefantes contra os caçadores e os caçadores furtivos.
- Desenvolver estratégias para evitar causas não naturais de morte de elefantes na Índia.
- Assegurar a restauração ecológica dos habitats naturais dos elefantes e das suas rotas migratórias.
- Atenuar e prevenir o crescente conflito entre humanos e elefantes nos habitats dos elefantes.
- Reduzir e eliminar o pastoreio de gado doméstico, a pressão dos humanos e as suas

actividades em habitats importantes para os elefantes.

- Promover a investigação científica sobre questões relacionadas com a conservação dos elefantes e educar o público sobre estas questões.
- Facilitar os cuidados veterinários para a criação e os cuidados de saúde adequados dos elefantes domesticados e facilitar o desenvolvimento ecológico dos elefantes.

Projeto Elefante: Santuários e reservas de elefantes na Índia

Conforme notificado pelo governo, existem cerca de 32 reservas de elefantes na Índia. A primeira reserva de elefantes ou santuário de elefantes foi a Reserva de Elefantes de Singhbhum, em Jharkhand.

A lista das reservas de elefantes na Índia é a seguinte

Zona	Estado	Reservas de elefantes
Paisagem do Noroeste	Uttrakhand	Reserva de elefantes de Shivalik
	Uttarpradesh	Reserva de elefantes do Uttar Pradesh
Paisagem Este-Central I Kameng- Sonitpur Paisagem Banco Oriental-Sul Paisagem Kaziranga-Karbi Angl ong-Intanki	Bengala Ocidental	Reserva de elefantes de Mayurjharna
	Jharkhand	Reserva de elefantes de Singhbhum
	Orissa	Reserva de Elefantes de Mayurbhanj Reserva de Elefantes de Mahanadi Reserva de Elefantes de Sambalpur Reserva de Elefantes de Baitami Reserva de Elefantes de Orissa do Sul
	Chhattisgarh	Reserva de Elefantes de Lemru Badalkhol - Reserva de elefantes de Tamor Pingla
	Pradesh do Arunachal	Reserva de elefantes de Kameng
	Assam	Reserva de elefantes de Sonitpur
	Assam	Reserva de elefantes de Dihing-Patkai
	Pradesh do Arunachal	Reserva de elefantes de Arunachal Sul
	Assam	Reserva de elefantes de Kaziranga-Karbi Anglong Reserva de elefantes de Dhansiri-Lungding
Paisagem	Nagaland	Reserva de Elefantes de Intanki
Bengala do Norte - Paisagem do Grande Manas	Assam	Reserva de elefantes de Chirang-Ripu
	Bengala Ocidental	Reserva de elefantes de Dooars Oriental
Paisagem de Meghalaya	Meghalaya	Reserva de elefantes de Garo Hills Reserva de elefantes de Khasi-hills
Brahmagiri- Nilgiri- LesteGhats Paisagem Annamalai- Nelliyampathy- Alto Paisagem de alcance Paisagem de Periyar- Agasthyamalai	Karnataka	Reserva de elefantes de Mysore
	Kerala	Reserva de elefantes de Wayanad Reserva de elefantes de Nilambur
	Tamil Nadu	Reserva de elefantes de Coimbatore Reserva de elefantes de Nilgiri
	Andhra Pradesh	Reserva de elefantes de Rayala
	Tamil Nadu	Reserva de elefantes de Annamalai
	Kerala	Reserva de elefantes de Anamudi
	Kerala	Reserva de elefantes de Periyar

	Tamil Nadu	Reserva de elefantes de Srivilliputhur

Para além de permitir a criação de várias reservas de elefantes na Índia, o Projeto Elefante também levou à criação de diferentes programas e agências, como o MIKE - Monitorização do Abate Ilegal de Elefantes e a Força de Intervenção para os Elefantes.

Projeto Elefante - Programa MIKE

O programa MIKE, abreviatura de Monitoring of Illegal Killing of Elephants (Monitorização da Matança Ilegal de Elefantes), foi iniciado no Sul da Ásia em 2003, na sequência de uma resolução da CITES adoptada pela Conferência das Partes.

O objetivo do MIKE era fornecer as informações necessárias aos países da área de distribuição dos elefantes para uma gestão adequada e uma proteção a longo prazo das suas populações de elefantes.

Os objectivos do programa MIKE são os seguintes

Medir os níveis e as tendências da caça furtiva ilegal e garantir mudanças nas tendências de proteção dos elefantes.

Determinar os factores responsáveis por essas alterações e avaliar o impacto das decisões da conferência das partes na CITES.

Campanha Haathi Mere Saathi

O Ministério do Ambiente e das Florestas, em parceria com o Wildlife Trust of India, lançou a campanha Hathi Mere Sathi. O objetivo da campanha era aumentar a sensibilização do público e desenvolver amizades entre os elefantes e a população local. A campanha Haathi Mere Saathi visava o bem-estar dos elefantes, a conservação e a proteção dos elefantes na Índia.

A campanha foi lançada em Deli, a 24 de maio de 2011, nas reuniões ministeriais do Elefante 8. Os países que fazem parte da reunião ministerial Elephant-8 são o Quénia, o Srilanka, o Botsuana, a República do Congo, a Tanzânia, a Indonésia, a Tailândia e a Índia.

Grupo de trabalho para os elefantes

O aumento da tensão devido à matança retaliatória desenfreada de elefantes e ao conflito entre humanos e elefantes levou o governo a criar a Task Force para os Elefantes, à semelhança da Task Force para os Tigres. O objetivo da Task Force para os Elefantes era apresentar soluções pragmáticas para a conservação dos elefantes a longo prazo.

A ETF era dirigida por um historiador da vida selvagem e analista político, Dr. Mahesh Rangarajan. Os outros membros incluíam activistas da conservação e do bem-estar dos animais, biólogos de elefantes e um veterinário.

A Índia tem cerca de 25000 a 29000 elefantes em estado selvagem. No entanto, os tuskers (machos) na Índia estão tão ameaçados como os tigres, pois só restam cerca de 1200 elefantes tusker na Índia.

Os elefantes asiáticos estão ameaçados pela degradação do seu habitat, por conflitos entre homens e elefantes e pela caça furtiva do marfim. Este problema é mais intenso na Índia, que tem cerca de 50% da população total de elefantes asiáticos do mundo.

O Projeto Elefante é considerado um sucesso na opinião de muitos conservacionistas, uma vez que conseguiu manter a população de elefantes na Índia a um nível estável e sustentável.

PROJECTO CROCODILO

[UCN Crocodilos indianos e Dia Mundial do Crocodilo

Os crocodilos são grandes répteis semiaquáticos que vivem nos trópicos em África, na Ásia,

nas Américas e na Austrália. Há um total de 23 espécies de crocodilos conhecidas, das quais 7 estão atualmente classificadas como Criticamente em Perigo, 4 como Vulneráveis e 12 como de Risco Mínimo, de acordo com a Lista Vermelha de Espécies Ameaçadas da IUCN.
vamos discutir em pormenor os crocodilos indianos, as suas espécies, a sua situação atual e o seu número no país, bem como as iniciativas tomadas para a sua conservação.
Espécies de crocodilianos encontradas na Índia
Seguem-se algumas espécies de crocodilianos que se encontram na Índia, bem como o seu estatuto de acordo com a IUCN, a CITES e a Lei de Proteção da Vida Selvagem de 1972.
- Assaltante
- Restritos ao subcontinente indiano, os crocodilos Mugger ou do pântano encontram-se geralmente **em habitats de água doce**, incluindo lagos, pântanos e rios
- Podem também ser encontrados em lagoas costeiras de água salgada e estuários
- Tanto os crocodilos-macacos jovens como os adultos cavam tocas onde se refugiam quando a temperatura desce abaixo dos 5°C
- Enquanto **as crias de crocodilo Mugger são de cor azeitona clara com manchas pretas**, os **adultos são de cor azeitona escura a cinzenta ou castanha**
- É uma espécie que põe ovos e faz ninhos em buracos
- Alimenta-se de peixes, répteis, aves e mamíferos
- A principal causa do seu estado vulnerável é a destruição, fragmentação e transformação do habitat, as actividades de pesca e a utilização de partes de crocodilo para fins medicinais

- Esta espécie de crocodilo já está extinta em Myanmar e no Butão. Consultar o quadro seguinte para conhecer a sua situação:

Lista Vermelha da IUCN	Vulnerável
CITES	Apêndice I
Lei de Proteção da Vida Selvagem, 1972	Calendário I

- Crocodilo de água salgada
- Também conhecidos como jacarés, os crocodilos de água salgada são considerados a **maior espécie de crocodilo que vive na Terra**
- São **também conhecidos como crocodilos estuarinos**
- Na Índia, **habita o Parque Nacional Bhitarkanika de Odisha, os Sundarbans em Bengala Ocidental** e **as ilhas Andamans e Nicobar**. Também podem ser encontrados no Sudeste Asiático e no norte da Austrália
- É capaz de dominar quase todos os animais que entram no seu território e embosca a maior parte das suas presas, afogando-as ou engolindo-as inteiras
- A sua reputação de devorador de homens é uma das maiores razões para a sua caça e uma ameaça à sua existência. É também caçada pela sua pele e outra das principais causas da diminuição da sua população é a perda de habitat
- O quadro seguinte mostra o seu estatuto global:

Lista Vermelha da IUCN	Pouco preocupante
CITES	Apêndice I
Lei de Proteção da Vida Selvagem, 1972	Calendário I

- Gharia.
- O **gavial, também conhecido como gavial,** é o **mais longo de todos os crocodilianos**

vivos

- Têm **focinhos compridos e finos que se assemelham a um pote de barro** *(conhecido como "Ghara" em hindi")* e, por isso, são designados por gharial
- Habita atualmente os rios das planícies do norte do subcontinente indiano
- O rio Chambal, nas encostas norte das montanhas Vindhya, é conhecido como o habitat primário dos gaviais
- Estima-se que a população de gavial tenha diminuído de 5 000-10 000 indivíduos em 1946 para menos de 250 indivíduos em 2006
- As **principais causas** deste **declínio** incluem a extração **ilegal de areia, a caça furtiva, o habitat**

destruição, inundações e operações de pesca em grande escala

- O estatuto do gavial é apresentado a seguir:

Lista Vermelha da IUCN	Criticamente em perigo
CITES	Apêndice I
Lei de Proteção da Vida Selvagem, 1972	Anexo I

O que é o Apêndice I da CITES?

As espécies ameaçadas de extinção estão incluídas no Anexo I da CITES. O comércio de espécimes destas espécies só é permitido em circunstâncias excepcionais

Saiba mais sobre a Convenção sobre o Comércio Internacional das Espécies da Fauna e da Flora Selvagens Ameaçadas de Extinção (CITES) no artigo com ligação.

O que é o Anexo I da Lei de Proteção da Vida Selvagem, 1972?

Esta lista abrange as espécies ameaçadas de extinção, que necessitam de uma proteção rigorosa e, por conseguinte, as sanções mais severas em caso de violação da lei estão previstas nesta lista.

Visite o artigo com o link e leia em pormenor a Lei de Proteção da Vida Selvagem, 1972.

Censo de crocodilos na Índia

- Em janeiro de 2020, o **censo dos crocodilos** foi realizado no **Parque Nacional** de **Bhitarkanika** de Orisha e nas suas áreas próximas no distrito de Kendrapara.
- 22 equipas para contar os crocodilos em todos os riachos e rios do parque e dos seus arredores

As áreas foram formadas pelos funcionários e **foram encontrados 1.757 crocodilos**. Este número é ligeiramente superior ao **do ano passado**, que **foi de 1 742 crocodilos**.

- Durante o recenseamento, **foram encontrados 620 crocodilos recém-nascidos, 325 crocodilos de um ano, 288 crocodilos juvenis, 185 crocodilos sub-adultos e 339 crocodilos adultos**.
- Os enumeradores **avistaram também** cerca de **12 crocodilos albinos e quatro crocodilos gigantes** com mais de 6 metros de comprimento nas massas de água

Conflito entre humanos e crocodilos

É importante que as pessoas compreendam que a existência da humanidade depende de um equilíbrio entre a natureza e a vida selvagem. O abate e a caça de animais não só degradam a vida selvagem e o ambiente, como também prejudicam a existência humana.

A principal causa do declínio da população de crocodilos indianos é o facto de os seus habitats estarem a ser destruídos por razões humanas egoístas. A urbanização e a invasão humana nas margens dos rios e nas zonas pantanosas são as principais causas do conflito entre humanos e crocodilos. Na Índia, Vadodara, Kota e Bhitarkanika são considerados os principais pontos de conflito entre humanos e crocodilos. As ilhas Andaman e Nicobar também fazem parte desta lista.

Grande calau-da-índia	Leopardo de Neve
Leão asiático	Bisonte indiano
Ibex dos Himalaias	Elefante asiático
Abetarda indiana	Nilgai - Antílope asiático
Hoolock Gibbons	Urso-preguiça
Abetarda de Houbara	Urso castanho dos Himalaias

Dia Mundial do Crocodilo

Todos os anos, a 17 de junho, celebra-se o Dia Mundial do Crocodilo. Trata-se de uma campanha de sensibilização global para chamar a atenção para a situação dos crocodilos e jacarés em perigo de extinção em todo o mundo.

Como medida de conservação dos crocodilos na Índia, o Projeto de Conservação dos Crocodilos foi lançado em 1975 em diferentes estados indianos. Foi graças a este programa de conservação que o número de crocodilos de água salgada, que era de **96 em 1976, aumentou para 1640 em 2012**.

As autoridades competentes devem efetuar campanhas de sensibilização para chamar a atenção para a situação dos crocodilos ameaçados de extinção. No futuro recenseamento, deve ser incorporada tecnologia moderna para conhecer a contagem exacta de crocodilos em todo o país.

Grupo de Especialistas em Crocodilos da IUCN-SSC (CSG)

O Grupo de Especialistas em Crocodilos (CSG) da IUCN SSC é uma rede mundial de biólogos, gestores da vida selvagem, funcionários governamentais, investigadores independentes, representantes de ONG, agricultores, comerciantes, curtidores, líderes da moda e empresas privadas ativamente envolvidos na conservação das 23 espécies de jacarés, crocodilos, jacarés e gaviais existentes no mundo em estado selvagem.

Foi fundada em 1971 e a sua principal missão é ajudar a IUCN e a Species Survival Commission (SSC) na conservação, gestão e sustentabilidade dos crocodilos em todo o mundo.

A IUCN e a SSC criaram uma rede global semelhante para a conversão dos elefantes asiáticos.

Q 1 Quantos crocodilos existem na Índia?

De acordo com o censo de crocodilos realizado em 2020 no Parque Nacional de Bhitarkanika, em Orisha, foram encontrados 1 757 crocodilos.

Q 2. Quando é que se comemora o Dia Mundial do Crocodilo?

Resposta: O Dia Mundial do Crocodilo celebra-se todos os anos a 17 de junho. Foi iniciado com o objetivo de sensibilizar para a conservação dos crocodilos e jacarés ameaçados de extinção em todo o mundo.

O **Projeto Tigre** foi o primeiro projeto de proteção da vida selvagem na Índia, iniciado após a aprovação da Lei da Vida Selvagem Indiana (Proteção) em 1972. O Projeto Tigre foi iniciado em 1 de abril de 1973 no Parque Nacional Jim Corbett.

Qual é o único estado da Índia onde a lei de proteção da vida selvagem não era aplicável?

Lei da Vida Selvagem (Proteção), 1972: A lei foi promulgada para a proteção de plantas e espécies animais. É aplicável a toda a Índia, com exceção do Estado de **Jammu e Caxemira**.

medidas que podemos tomar para proteger a vida selvagem?

Dicas. **Leve sempre água suficiente num recipiente que não seja de plástico e utilize materiais biodegradáveis quando visitar Áreas Protegidas (AP).** Mantenha-se sentado no seu veículo durante a visita aos parques de vida selvagem e mantenha-se calmo e composto mesmo quando avistar animais selvagens. Mantenha-se em silêncio para não os perturbar.

Quem iniciou a vida selvagem na Índia?

As noções sobre a vida selvagem da Índia foram introduzidas no Ocidente e também se tornaram famosas através de O Livro da Selva, no final do século XIX, por **Rudyard Kipling**.

Quantos parques nacionais existiam na Índia antes da implementação da Lei de Proteção da Vida Selvagem?

O primeiro parque nacional da Índia foi criado em 1936, atualmente conhecido como Parque Nacional Jim Corbett, em Uttarakhand. Em 1970, a Índia tinha apenas cinco parques nacionais. Em 1972, a Índia promulgou a Lei de Proteção da Vida Selvagem e o Projeto Tigre em 1973 para salvaguardar os habitats de espécies dependentes da conservação.

Qual é o primeiro estado da Índia a publicar o seu próprio plano de ação para a vida selvagem?

Maharashtra **Maharashtra** vai publicar o seu próprio plano de ação para a vida selvagem - 1º Estado da Índia a fazê-lo

Os três principais objectivos da gestão da vida selvagem?

Os objectivos humanos na gestão da vida selvagem incluem a **conservação, a preservação, o consumo** e os objectivos não consuntivos.

Quais são as medidas adoptadas pelo Governo para conservar as plantas e os animais?

O governo tomou uma série de medidas para conservar plantas e animais, tais como a **criação de parques nacionais, santuários de vida selvagem e reservas da biosfera**. Para além disso, o governo também levou a cabo muitos programas de sensibilização, como o "Vanmahotsav", para conservar

UNIDADE - I

5MARCAÇÕES

1. **Enumerar os tipos de gestão da vida selvagem**
2. **Escreva o seguinte i. IUCN ii. CITES iii. NBA iv. IBA**
3. **Escrever um relato sobre o projeto crocodilo**

10 MARCAS

1. **Explicar a iluminação dos picos dos Himalaias na Índia**
2. **Centro do património mundial de Western Ghats - discutir em pormenor**
3. **Explicar a Lei da Vida Selvagem de 1972**
4. **Escrever um ensaio sobre o tigre de projeto**
5. **Escrever um ensaio sobre o projeto Elefante**

CAPÍTULO II

Definir habitat - tipos de habitat florestal - técnicas básicas de levantamento de habitats - análises vegetativas - quadrado centrado no ponto, quadrado, transecto em faixa - manipulação de habitat

Definir habitat: Um habitat é o local onde um organismo vive. O habitat fornece todas as circunstâncias ambientais de que um organismo necessita para existir. Um habitat é um ambiente onde um organismo vive durante todo o ano ou durante períodos mais curtos de tempo para encontrar um companheiro. O habitat contém tudo o que um animal precisa para sobreviver, como comida e abrigo.

Um habitat é uma área ecológica ou ambiental que é habitada por uma determinada espécie de animal, planta ou outro tipo de organismo. É o ambiente natural em que um organismo vive, ou o ambiente físico que rodeia uma população de espécies.

Basicamente, existem três tipos de habitat. São eles o habitat aquático, o habitat terrestre e o habitat arbóreo.

A área onde um determinado organismo vive naturalmente chama-se o seu habitat. Os cinco principais habitats são: florestas, pradarias, desertos, montanhas e regiões polares, e habitat aquático. Os oceanos e a água doce formam o habitat aquático.

OS PRINCIPAIS HABITATS

Concentrar-nos-emos em oito habitats: Polar, Tundra, Florestas perenes, Florestas sazonais, Prados, Desertos, Florestas tropicais e Oceanos. Estes são habitats globais que cobrem vastas áreas da Terra.

Para que um habitat seja viável, devem estar presentes cinco elementos essenciais: alimento, água, cobertura, espaço e disposição.

Introdução

O local onde os organismos se instalam é designado por habitat. Este possui todas as condições ambientais importantes que são necessárias para a sobrevivência. Em tudo o que diz respeito à recolha de alimentos, seleção de parceiros, reprodução bem sucedida, etc. No caso das plantas, um bom habitat significa um local onde existe uma boa combinação de luz, ar, água e solo. Por exemplo: plantas como os cactos de pera espinhosa precisam de solo arenoso, clima seco e luz solar intensa para um crescimento adequado, uma vez que crescem principalmente em áreas como o deserto de Sonora, no noroeste do México. Este tipo de plantas não pode crescer em zonas húmidas e frias.

Alguns dos principais componentes de um bom hospedeiro são o abrigo, a água, a comida e o espaço. E quando todos os tipos de arranjos estão presentes de forma adequada, então é chamado de um bom habitat.

Tipos de Habitat

A. Habitat terrestre: Quando plantas e animais sobrevivem na terra, esses habitats são chamados de habitats terrestres. Existem três tipos de habitats terrestres, que são:

Deserto: No habitat do deserto, à noite os animais ficam na rua e durante o dia ficam dentro dos buracos profundos na areia. E nas plantas do deserto, a fotossíntese é efectuada através dos caules, para evitar a perda de água.

Montanha: No habitat montanhoso, as plantas têm forma de cone e as folhas têm uma estrutura semelhante a uma agulha, para evitar que a neve caia sobre as plantas. E os animais deste habitat têm pelo espesso para os proteger do frio.

Prados: Estes habitats estão presentes em zonas de prados.

B. Habitats aquáticos: As plantas e os animais que vivem debaixo de água são designados por habitats aquáticos. Além disso, os habitats aquáticos são de dois tipos:

Lagoas: Nos lagos, as plantas têm as suas raízes agarradas ao solo e as suas raízes estão totalmente submersas na água.

Oceanos: Os organismos que vivem no oceano têm guelras que os ajudam a utilizar o oxigénio dissolvido na água. Alguns animais utilizam também as narinas para respirar, como as baleias e os golfinhos.

Fator ambiental

São muitos os factores que afectam a distribuição de um organismo, nomeadamente a temperatura, a humidade, o clima, a intensidade do solo e da luz e a presença ou ausência de todos os requisitos de que o organismo necessita para se manter. No caso de algumas plantas e espécies animais, as suas necessidades são satisfeitas numa grande variedade de locais. Por exemplo, a borboleta Pieris rapae pode ser encontrada em todo o continente, exceto no continente Antártico, uma vez que as suas larvas têm capacidade para se alimentar de uma vasta gama de Brassicas e de várias outras espécies de plantas, e desenvolve-se em qualquer local aberto com diversas associações de plantas.

Ecologia do habitat

Uma área fascinante das ciências naturais que ajuda a alargar a nossa compreensão das interacções que determinam a distribuição e a abundância dos organismos é a chamada ecologia do habitat. Pode também ser definido como o tipo de ambiente natural em que poucas espécies de um organismo sobrevivem, caracterizado por características físicas e biológicas.

Definição de Florestas

A floresta é definida como um espaço maciço de terra coberto por árvores e vegetação lenhosa. Desempenha um papel importante na manutenção da variedade e também do esquema do planeta Terra. São o lar de várias espécies selvagens de animais, répteis e insectos. O clima, o solo e a topografia da região determinam o tipo de árvores que crescem numa floresta de grandes dimensões. A floresta ajuda a manter o equilíbrio ecológico e fornece água, alimento e abrigo a todo e qualquer tipo de ser vivo.

O que é a Biologia Florestal?

Uma floresta pode ser definida como uma grande área geográfica dominada por árvores, biomas aquáticos, animais pertencentes a várias espécies e um milhão de variedades de microorganismos. A biologia florestal é um campo multifacetado que consiste em várias transmissões moleculares e genética populacional, limites físicos das alturas das árvores, genómica da paisagem, biogeografia, causas da seca, patologia e entomologia florestal e ecologia do ecossistema da floresta.

Biodiversidade florestal

A biodiversidade florestal pode ser definida como o estudo das formas de vida, vivas ou não vivas, que se encontram na floresta e também o estudo dos seus papéis ecológicos nessa floresta. A floresta pode ser considerada como um sistema de habitat natural diversificado que retrata as áreas biológicas mais extravagantes à face deste planeta. Quase 30 por cento da superfície total da Terra está coberta por florestas, mas os dados estão a cair a pique devido ao aumento da exploração comercial das florestas.

De acordo com a Convenção sobre a Diversidade Biológica (CDB), a biodiversidade florestal é o resultado de um processo evolutivo que ocorreu há milhões de anos. O processo de evolução foi orientado por forças ecológicas como o clima, o fogo, a temperatura, a água, a exposição à luz e os fenómenos ecológicos como a competição e as perturbações na floresta.

O que é um ecossistema florestal?

De acordo com a definição de ecossistema florestal, o ecossistema florestal é o estudo das relações de interdependência entre a flora e a fauna numa floresta. Nos ecossistemas florestais, toda a interação entre os componentes bióticos e abióticos presentes na floresta ocorre naturalmente sem interferência humana. O potencial ecológico das espécies na floresta depende dos requisitos do habitat, tais como a temperatura, a frugalidade, o clima, a capacidade de reprodução e o seu tempo de vida.

Tipos de ecossistemas florestais

Existem três tipos de ecossistemas florestais que são principalmente:

Ecossistema de floresta temperada

Ecossistema florestal boreal ou taiga

Ecossistema da floresta tropical

Os produtores do ecossistema florestal são responsáveis pela produção de alimentos para todo o ecossistema e os produtores primários do ecossistema são as plantas e as árvores. Os consumidores num ecossistema florestal são aqueles que não são capazes de produzir os seus próprios alimentos e, por isso, dependem dos produtores para a sua alimentação e outros recursos. Os consumidores primários são aqueles que se alimentam apenas de plantas. Por exemplo, todos os herbívoros, como os coelhos e os veados, são considerados consumidores primários, uma vez que dependem apenas das plantas para a sua sobrevivência. Os consumidores secundários são os que se alimentam dos herbívoros. Exemplos de herbívoros incluem o leão, o tigre, a chita, o urso, etc., uma vez que a sua nutrição não provém diretamente das plantas mas dos animais que as consomem. Outra categoria de consumidores é a dos omnívoros, que se alimentam tanto das plantas como dos animais que as comem. Os porcos, os chimpanzés, os guaxinins e os ratos são exemplos de omnívoros.

Os decompositores desempenham um papel muito importante num ecossistema florestal. Organismos como fungos, formigas, minhocas, micróbios e alguns outros insectos actuam como decompositores, uma vez que são responsáveis pela decomposição dos resíduos vegetais e animais no ecossistema florestal e pela transformação dessas partículas em partículas mais pequenas que podem facilmente misturar-se no ambiente. Os seres humanos são outro exemplo de omnívoros, uma vez que se alimentam tanto de plantas como de animais e, por conseguinte, fazem parte do ecossistema.

Diferentes tipos de florestas

As florestas podem ser divididas em cinco categorias, consoante os tipos de árvores que nelas se encontram. Os diferentes tipos de florestas, com os respectivos nomes, são apresentados a seguir:

Floresta mediterrânica: A temperatura nestas florestas é a mais adequada para carvalhos e pinheiros de baixa estatura, pelo que também são designadas por matagais. Estas florestas contêm uma grande variedade de flores silvestres e aves insectívoras. Estas florestas são também designadas por "Maquis".

Floresta de coníferas: O maior número de árvores que se encontram neste tipo de floresta consiste principalmente em árvores com cones, como o pinheiro, o abeto, o abeto e a cicuta. Estas florestas encontram-se maioritariamente nas regiões setentrionais da América do Norte, Ásia e Europa.

Floresta de folha caduca: As árvores destas florestas têm folhas largas que caem entre o final do verão e o início do outono. As folhas são geralmente verdes, mas com a mudança da estação, adquirem mais tarde cores amarelas, vermelhas e cor de laranja. Estas florestas encontram-se geralmente na América, na Europa Ocidental e Central e no Nordeste da Ásia, onde os Verões são quentes e os Invernos são frios.

Floresta tropical: Estas florestas encontram-se normalmente em zonas onde a temperatura é geralmente quente. São chamadas florestas tropicais porque recebem chuvas contínuas durante todo o ano e são o habitat de vários insectos e mamíferos. Encontram-se normalmente na Ásia, África, América do Sul e Austrália.

Floresta mista: As florestas mistas são aquelas que contêm tanto tipos de vegetação de coníferas como de caducifólias. Estão normalmente presentes em todo o mundo nas regiões montanhosas.

Importância ecológica das florestas

As florestas representam 31% da terra do mundo e recolhem e armazenam água. As árvores que se erguem no interior da floresta seguram o solo com força para manter a saúde do solo. As árvores facilitam o equilíbrio das emissões de gases com efeito de estufa, ingerindo-as num número atómico 8 catártico para os organismos.

São uma excelente fonte de alimentação para todos os tipos de animais herbívoros, carnívoros e omnívoros. Os herbívoros alimentam-se das plantas e as espécies comedoras são as presas dos carnívoros. Quando os animais morrem, decompõem-se no solo, o que ajuda as plantas a manterem-se e a viverem como alimento para os outros.

Para além dos habitantes selvagens, as florestas também prestam um excelente serviço aos animais sociais, ou seja, aos seres humanos. Os seres humanos dependem extremamente das florestas para a sua sobrevivência, porque estas fornecem combustível, alimentos e abrigo. O homem abate as árvores das florestas para as utilizar na construção de casas e mobiliário e queima a madeira para mudar de estado.

Importância económica das florestas

As florestas contribuem para quase 100% do PIB em vários países. Em vários países em desenvolvimento, as florestas oferecem cerca de dez milhões e cerca de trinta a quarenta milhões de empregos formais e informais.

As florestas contêm várias ervas antigas que são usadas para funções medicinais. e também os governos de muitos países exportam essas ervas para realizar comércio e obter lucro. Vários cientistas são responsáveis pela investigação dos méritos e deméritos das ervas vinculadas, das características dos seus bordos e da sua utilização positiva.

Importância ambiental das florestas

As florestas gerem o clima e purificam a atmosfera para a sobrevivência de todos os seres vivos. As árvores da floresta seguram o solo com força e mantêm a saúde do solo. A vegetação densa equilibra a temperatura e as condições climatéricas, reduzindo a emissão de gases com efeito de estufa pelo homem. Além disso, controla a poluição sonora ao absorver o ruído produzido pelos seres humanos.

As florestas aumentam a precipitação, condensando as nuvens baixas e aumentando, em certa medida, a precipitação. Protegem o solo, segurando-o e apoiando a estrutura básica das árvores, reduzindo a erosão. Protegem as bacias hidrográficas e melhoram a qualidade da água, filtrando a chuva.

Como é que a desflorestação nos afecta?

A necessidade do ser humano para a sua sobrevivência tem sido propensa à desflorestação, o que, reciprocamente, tem desequilibrado o ciclo. Atualmente, os seres humanos estão a abater 35-40 árvores por minuto e a aplicação contínua pode privar o mundo das suas necessidades

básicas.
Esta situação provoca várias catástrofes sintéticas, como secas, inundações, deslizamentos de terras, etc. Vários habitantes selvagens migram para as zonas urbanas em busca de abrigo, o que pode ser o resultado de uma enorme desflorestação. Sem árvores para absorver o calor, os glaciares estão a derreter e a aumentar o nível da água nos rios e oceanos. Em alguns casos, os rios estão a evaporar devido ao aumento do aquecimento.
O aumento da temperatura, a secagem dos rios, o derretimento dos glaciares e o desequilíbrio do ciclo estão a levar à extinção de muitas espécies e de muitas unidades territoriais que se encontram na lista de vulneráveis.
Temos de viver sempre segundo o lema: "Se cortares uma árvore, tens de plantar seis mudas para manter o equilíbrio ecológico".

TÉCNICAS BÁSICAS DE INQUÉRITO

Um levantamento de habitats (também conhecido como levantamento de habitats de fase 1) implica **percorrer a sua freguesia para mapear os principais habitats presentes, tais como bosques, terras agrícolas e sebes**. O levantamento também destacará as principais características presentes na paisagem, como árvores antigas, lagoas e outros corpos de água.
Inquérito qualitativo - estudo que determina a presença/ausência de uma substância ou organismo numa amostra ou habitat.
Os métodos quantitativos privilegiam as medições objectivas e a análise estatística, matemática ou numérica dos dados recolhidos através de sondagens, questionários e inquéritos, ou através da manipulação de dados estatísticos pré-existentes utilizando técnicas computacionais.
Um estudo qualitativo regista a presença ou ausência de espécies. Um estudo quantitativo mede o número de cada espécie.
Um estudo de habitat de Fase 1 é geralmente o primeiro estudo efectuado num sítio e é muitas vezes semelhante a uma avaliação do sítio. **Ao determinar quais os habitats presentes num sítio, o ecologista pode dizer quais as espécies protegidas que aí se encontram, caso existam**. Pode então avaliar a necessidade de outros estudos específicos.
Qual é o prazo de validade de um estudo de fase 1 sobre o habitat? dois anos
Por quanto tempo é válido um estudo de fase 1 sobre o habitat? As informações de um estudo de fase 1 são normalmente válidas por **dois anos a partir da data do estudo**, embora qualquer variação seja especificada no nosso relatório.
Um estudo de Fase 2 sobre o habitat ou um estudo de Classificação Nacional da Vegetação (NVC) é **utilizado para identificar e cartografar com precisão as diferentes comunidades de vegetação, de modo a que a sua importância e distribuição relativa possam ser melhor compreendidas**.
principais componentes do habitat discutidos na aula
Ajude-os a compreender que os cinco componentes básicos do habitat são a **comida, a água, o ar, o abrigo e o espaço**.
Técnicas de campo para amostragem e estimativa de populações
As técnicas de campo referem-se aos métodos normalizados utilizados para selecionar, contar, medir, capturar, marcar e observar indivíduos amostrados da população-alvo com o objetivo de recolher os dados necessários para atingir os objectivos do estudo. O termo também inclui métodos utilizados para recolher espécimes, amostras de tecidos e dados sobre o habitat. A escolha das técnicas de campo a utilizar para uma determinada espécie ou população é influenciada por cinco factores principais:

1. Dados necessários para atingir os objectivos de inventário e monitorização
2. Extensão espacial e duração do projeto
3. História de vida e características da população
4. Terreno e vegetação na zona de estudo
5. Restrições orçamentais

Requisitos de dados

Os tipos de dados necessários para atingir os objectivos de inventário ou monitorização devem ser a principal consideração na seleção das técnicas de campo. São discutidas a seguir quatro categorias de recolha de dados, juntamente com algumas sugestões para a escolha de técnicas de campo adequadas a cada uma delas.

Estudos de investigação

Os estudos das relações entre habitats ou das respostas de causa e efeito exigem uma amostragem coordenada da população-alvo e das medições ambientais ou dos factores de stress aos quais a população pode responder. Os esforços de recolha de dados tendem a ser complexos, exigindo múltiplos protocolos de amostragem para a população-alvo, atributos do local de estudo e métricas de padrões paisagísticos. O financiamento necessário para a realização de estudos de investigação limita normalmente a sua aplicação a espécies ou populações com maior necessidade de planeamento da gestão, como as que estão listadas como ameaçadas ou em perigo. São frequentemente efectuados estudos manipulativos para gerar os dados necessários, mas quando estes incidem sobre uma espécie ameaçada, surgem frequentemente questões éticas relativas à realização da experiência que coloca a espécie em grande risco, pelo menos localmente. Assim, é frequentemente a monitorização das condições ambientais e dos aspectos da densidade populacional ou da aptidão que são utilizados para avaliar as associações de tendências entre os parâmetros populacionais e os parâmetros ambientais.

Extensão espacial

É evidente que o âmbito da inferência influenciará o tipo de técnica de amostragem utilizada. As técnicas de atlas de aves nidificantes utilizam geralmente grandes grelhas colocadas em estados inteiros para avaliar a ocorrência de espécies numa célula da grelha. Estas abordagens e as do Breeding Bird Survey (Sauer et al. 2008) podem ser efectuadas através de esforços voluntários. Por outro lado, a monitorização das tendências das taxas reprodutivas das corujas-do-norte, dos açores-do-norte ou dos ursos pardos ao longo das suas áreas geográficas requer um orçamento enorme para recolher o nível de dados populacionais em grandes áreas necessárias para compreender as tendências. Há que ter muito cuidado ao decidir qual a técnica a utilizar, porque tanto os orçamentos como os requisitos de dimensão da amostra entram na logística. De facto, é muitas vezes o compromisso entre dados mais pormenorizados e o custo de produção desses dados que determina as decisões relativas à conceção da monitorização de espécies em risco.

Técnicas frequentemente utilizadas para a amostragem de animais

A gama de técnicas disponíveis para a amostragem de animais é vasta e está resumida noutros manuais de técnicas. Resumimos alguns exemplos de técnicas normalmente utilizadas, mas sugerimos vivamente que aqueles que estão a desenvolver planos de monitorização façam uma pesquisa bibliográfica mais completa sobre a amostragem das espécies que mais preocupam o seu programa de monitorização. Em primeiro lugar, apresentamos uma breve panorâmica das técnicas utilizadas para a amostragem de vertebrados e, em seguida, indicamos quais as técnicas mais utilizadas nos vários grupos taxonómicos.

Organismos aquáticos

Alguns organismos aquáticos podem e têm sido monitorizados usando técnicas que são essencialmente idênticas às usadas para vertebrados terrestres. Por exemplo, no Brasil, o pirarucu tem sido monitorizado através de uma técnica de contagem pontual que conta os indivíduos à medida que sobem à superfície para respirar. As contagens pontuais eram mais viáveis do ponto de vista logístico e económico, representavam com maior exatidão as alterações da população ao longo do tempo e conduziam a uma gestão mais eficaz, mas foi também tentada uma técnica convencional de captura por marcação com a mesma espécie de peixe.

No entanto, casos como o do arapaima são incomuns, porque esta espécie é detectada quando vem à superfície para respiração aérea, tem uma densidade populacional suficientemente baixa numa área suficientemente pequena para ser contada eficazmente, e possui certas características visuais e acústicas subtis que permitem a identificação de indivíduos. A maior parte das técnicas utilizadas para a amostragem de organismos aquáticos são concetualmente semelhantes às utilizadas para a amostragem de organismos terrestres. No entanto, os constrangimentos impostos aos observadores que lidam com a amostragem dentro ou sobre a água e a várias profundidades exigem que muitas técnicas sejam mais especializadas. Há uma variedade de técnicas habitualmente utilizadas para amostrar peixes e anfíbios aquáticos, bem como invertebrados aquáticos. Uma avaliação sistemática dos troços de cursos de água, utilizando quer o equipamento de snorkel quer o equipamento de pesca eléctrica, é normalmente utilizada em cursos de água pouco profundos e rios.

Em estuários e grandes rios, os estudos quantitativos são frequentemente confundidos pela elevada variabilidade das populações de peixes e pela elevada eficiência das artes de amostragem de peixes. À luz deste estudo, que avaliou a eficácia dos inquéritos aos pescadores em comparação com uma abordagem de amostragem com redes de emalhar gerida por um cientista, determinou-se que a combinação de ambas as abordagens é a melhor forma de aumentar a confiança de que as tendências observadas são reais. Por outras palavras, se ambos os conjuntos de dados de inquéritos sugerirem a mesma tendência, é mais seguro inferir que as tendências são reais do que se os conjuntos de dados sugerirem tendências diferentes ou se existir apenas um tipo de dados.

Os reboques de manta, que são comparáveis aos métodos de transecto em linha, mas que devem ter em conta condições marinhas específicas, como a turbidez da água, as marés e as características das condições do mar, são frequentemente utilizados para monitorizar as características gerais dos recifes de coral e das populações associadas. A técnica, que tem sido utilizada tanto em programas conduzidos por cientistas como em programas comunitários, consiste em rebocar um mergulhador treinado para observar certas variáveis atrás de um barco a uma velocidade constante ao longo de um trecho pré-determinado do recife. Num estudo realizado ao longo da Grande Barreira de Coral, onde os reboques de manta têm sido utilizados desde a década de 1970, a linha de amostragem é dividida em zonas que demoram dois minutos a ser amostradas e, de dois em dois minutos, o barco pára para que o observador registe os dados numa folha de dados aquáticos. Nestes inquéritos, os dados incluem frequentemente contagens de espécies conspícuas, como as amêijoas gigantes, ou de conjuntos inteiros, como os peixes carnívoros e herbívoros, mas a técnica é também utilizada para monitorizar o habitat. Com efeito, as observações de conjuntos de variáveis destinadas a informar os profissionais sobre o estado dos recifes de coral ao longo do tempo, tais como o declive do recife, a forma bentónica dominante, o género de coral duro dominante e a

complexidade estrutural do coral, também são normalmente registadas.
Welsh propôs uma abordagem baseada no habitat para os anfíbios em pequenos cursos de água de cabeceira, tendo sido também utilizadas abordagens limitadas no tempo e na área para as espécies de cabeceira. As espécies que se reproduzem em lagoas ou que habitam águas mais profundas são frequentemente amostradas com recurso a armadilhas para peixinhos, redes ou contagens de vocalizações de rãs e sapos.
O seguimento de animais individuais através de marcas, transponders integrados passivos (PIT tags) e técnicas semelhantes é dispendioso, mas fornece informações sobre os movimentos dos animais e estimativas da dimensão e sobrevivência da população. Estas abordagens têm sido utilizadas com espécies de grande interesse, como o salmão-coho no Noroeste do Pacífico.

Organismos Terrestres e Semi-Aquáticos

A diversidade de formas, tamanhos e histórias de vida entre os vertebrados terrestres levou ao desenvolvimento de centenas de técnicas de campo concebidas para diferentes espécies e condições de levantamento. O Quadro 8.1 enumera as técnicas de campo mais utilizadas para a recolha de dados sobre a fauna bravia, mas não é de modo algum uma lista exaustiva de todos os métodos de inventário e monitorização. As técnicas são separadas em métodos de observação, captura e marcação e pelo modo como os dados são recolhidos. Uma revisão exaustiva de todas as diferentes técnicas de campo para organismos terrestres e semi-aquáticos constitui um livro à parte. Apresentamos aqui uma breve panorâmica de algumas das técnicas habitualmente utilizadas.

Kuenzi e Morrison 1998 EtiquetasAves/MamíferosNietfeld et al. 1994

Técnicas de campo para inventários e estudos de monitorização de vertebrados terrestres e semi-aquáticos. As referências podem ser encontradas na secção Literatura Citada.

	Modo	Técnica	Grupos-alvo de espécies	Referências
Observacional	Direto	Quadrados; parcelas de área fixa	Organismos sésseis ou relativamente imóveis	Bonham 1989
		Contagens de aves	Espécies de aves que cantam ou chamam nos territórios	Ralph et al. 1995
		Mapeamento de manchas e procura de ninhos	Espécies de aves territoriais	Ralph et al. 1993
		Transecto de linha	Grandes mamíferos, aves	Anderson et al. 1979
		Reprodução de chamadas resposta	Lobos, esquilos terrestres, aves de rapina, pica-paus	Ogutu e Dublin 1998
		Standardizedvisual pesquisas	Grandes herbívoros,	CookeJacobsen 1979
		Censo	Morcegos que vivem em cavernas ; grandes herbívoros	Thomas e West 1989
	Sinal de animal	Inquéritos pedestres	Mamíferos de médio-grande porte	Wilson e Delahay 2001
	Contagem de pellets e de dejecturas	Mamíferos de médio-grande porte	Fuller 1991	
		Pesquisa de cache de alimentos	Grandes carnívoros	Páscoa - Pilcher 1990
		Estruturas (por exemplo, tocas, ninhos)	Arbóreo-mamíferos ; fossorial mamíferos; ursos	Healy e Welsh 1992
	Deteção remota	Placas de carris	Mamíferos de médio-grande porte	Wilson e Delahay 2001
	Estações de fotografia e vídeo	Mamíferos de médio-grande porte	Morruzzi et al. 2002	
		Detectores ultra-sónicos	Morcegos	Thomas e West 1989
		Monitorização áudio	Rãs	Crouch e Paton 2002

		Armadilhas para cabelo	Mamíferos de pequeno e médio porte, grandes carnívoros	McDaniel et al. 2000
		Rádio telemetria	Limitado pelo tamanho do corpo do animal (>20 g)?	USGS 1997
		Telemetria GPS	Limitado pelo corpo do animal (>2000 g) ?	Girard et al. 2002
		Radar marítimo	Morcegos, aves migratórias	Harmata et al. 1999
		Radar harmónico	Morcegos, anfíbios, répteis	Pellet et al. 2006
Captura	Passivo	Armadilhas	Salamandras, lagartos, pequenos mamíferos	Enge 2001, Mengak e Guynn 1987
		Armadilhas de pressão	Pequenos mamíferos	Mengakand Guynn 1987
		Armadilhas de caixa	Mamíferos de pequeno e médio porte	Powell e Proulx 2003
		Armadilhas de tipo funil	Cobras, tartarugas	Enge2001
		Pega e laços	Grandes mamíferos	Bookhout1994
		Redes de neblina		
	Ativo	Drivestoan recinto	Mamíferos médios-grandes com resposta de voo previsível	deCalesta e Witmer 1990
		Redes de canhão	Mamíferos de médio-grande porte	Bookhout1994
		Agentes imobilizadores	Grandes mamíferos	Bookhout1994
		Captura da mão	Salamandras	Kolozsvarye Swihart. 1999
Marcação		Mutilação	Pequenos mamíferos	Wood e Slade 1990
		Pigmentos	Pequenos mamíferos	Lemen e Freeman 1985
		Coleiras e braceletes	Aves / mamíferos	Nietfeld et al. 1994

Para certas espécies e condições, pode ser viável determinar uma contagem de membros individuais da população em quadrats (parcelas de amostragem) posicionados aleatória ou sistematicamente na área de estudo. As pesquisas podem ser efectuadas a pé, em veículos todo-o-terreno ou em avião, dependendo da escala e das circunstâncias do estudo. A amostragem em quadrícula é normalmente utilizada para plantas e elementos do habitat, mas no caso dos animais a amostragem em quadrícula coloca alguns desafios. Se os animais se deslocarem durante o período de amostragem, é necessário haver alguma garantia razoável de que um indivíduo não é contado duas vezes em vários quadrats à medida que se desloca. O tamanho, o espaçamento e a mobilidade dos organismos devem ser tidos em conta.

A contagem de pontos é talvez a técnica mais utilizada para medir a abundância e a diversidade das aves nas florestas temperadas e nas pastagens, mas também tem sido utilizada para estimar a abundância de outras espécies diurnas, como os esquilos. Foram descritas variações da técnica para diferentes espécies e para satisfazer diferentes necessidades de dados (Verner e Ritter 1985, Verner 1988, Ralph et al. 1995, Huff et al. 2000). Ralph et al. (1995) forneceram uma coleção de artigos que examinam a adequação do tamanho da amostra, a detetabilidade das aves, o viés do observador e as comparações entre técnicas.

A cartografia pontual, também designada por cartografia do território, é frequentemente utilizada para estimar as densidades populacionais de aves, localizando machos cantores durante várias visitas à zona de estudo e delineando os limites do território. Esta técnica é descrita mais pormenorizadamente em Ralph et al. (1995). A procura de ninhos pode ser utilizada para avaliar o sucesso reprodutivo de uma população de aves, monitorizando a sobrevivência dos ovos e dos filhotes ao longo de uma época de reprodução. Ambas as técnicas são trabalhosas e não são habitualmente utilizadas em inventários, mas as informações obtidas com estes métodos (por exemplo, densidades territoriais, produtividade) podem ser melhores indicadores das tendências populacionais e da qualidade do habitat do que a simples contagem de indivíduos.

A amostragem por transectos lineares e por transectos pontuais são métodos especializados de parcelas em que a procura do organismo-alvo é efectuada ao longo de uma faixa estreita com uma área conhecida. Raramente se pode assumir que todos os animais são detectados ao longo do transecto. No entanto, se a probabilidade de deteção puder ser prevista a partir da distância entre o animal e a linha central do transecto, então pode ser utilizada uma função de deteção para estimar a densidade populacional. A abordagem pode ser adaptada a levantamentos efectuados a pé, com snorkel e com veículos terrestres ou aéreos. Buckland et al. (1993) forneceram uma introdução completa, embora altamente técnica, aos métodos de transecto de linha e transecto de ponto. A abordagem tem sido amplamente aplicada a levantamentos de vertebrados, incluindo a tartaruga do deserto (Anderson et al. 2001), murrelets marmoreados (Madsen et al. 1999), aves canoras em bosques de carvalhos e pinheiros (Verner e Ritter 1985) e veados-mula (White et al. 1989).

As gravações áudio de vocalizações de animais têm sido utilizadas para obter chamamentos e exibições de espécies que, de outro modo, seriam difíceis de detetar. Esta técnica tem sido aplicada em estudos sobre a tetraz-azul (Stirling e Bendell 1966), a coruja-do-norte (Forsman 1988), o esquilo (Lishak 1977), entre outros. O número de respostas das espécies-alvo obtidas pelo registo é contado durante um intervalo prescrito e fornece um índice de densidade populacional.

As pesquisas visuais padronizadas referem-se a técnicas utilizadas para determinar a ocorrência de espécies, a riqueza de espécies ou os valores de densidade relativa, em que o esforço de amostragem é padronizado por espaço ou tempo. Os exemplos incluem contagens de estradas para grandes mamíferos (Rudran et al. 1996), contagens de migração de aves de rapina (Hussell 1981) e levantamentos de encontros visuais para anfíbios terrestres (Crump e Scott 1994) (Figura 8.2). Algumas técnicas de pesquisa visual não igualam necessariamente a quantidade de esforço de pesquisa entre as unidades de amostragem. Em vez disso, as contagens de animais ou as espécies detectadas são normalizadas durante a análise, dividindo o número de observações por uma unidade de área ou de tempo. A variabilidade entre observadores e as condições ambientais podem ser fontes significativas de erro não associadas à **técnica de amostragem e devem ser avaliadas antes da recolha de dados para minimizar os enviesamentos e melhorar a precisão.**

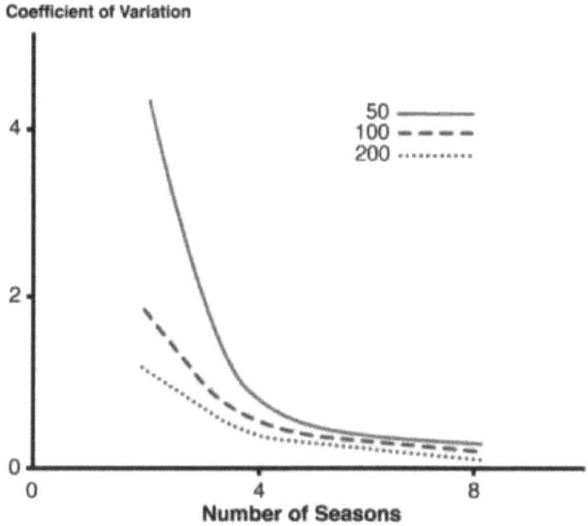

Salamandra Ensatina detectada numa amostra limitada no tempo em florestas geridas nas Cascatas do Oregon. Imagem disponível através do Departamento de Parques do Condado de Marion.

Em determinadas circunstâncias, pode ser possível observar efetivamente todos os indivíduos da população-alvo. Nesses casos, a dimensão da população pode ser determinada diretamente a partir da contagem de indivíduos; não são necessários procedimentos estatísticos. As contagens exactas de indivíduos dependem de uma tendência natural dos membros da população para se agregarem, pelo menos durante períodos previsíveis (por exemplo, morcegos que se encontram em grutas). Além disso, todos os locais onde os indivíduos se agregam devem ser conhecidos na área de estudo, e deve haver inspectores adequados disponíveis para fazer contagens simultâneas em todos os locais.

Em muitos casos, a população-alvo é altamente críptica ou demasiado cautelosa para ser observada diretamente e as restrições orçamentais impedem o investigador de utilizar métodos de captura para a recolha de dados. Nestas situações, é frequentemente possível inferir a presença de uma espécie ou determinar um valor de índice para a densidade populacional através da observação de sinais animais. Os sinais são rastos, montes de excrementos, fezes, marcas de odores ou construções de animais (por exemplo, ninhos arbóreos, alojamentos de castores, aberturas de tocas) que podem ser identificados com exatidão como indícios de uma determinada espécie. Se a procura desses indícios for efectuada em transectos ou quadrículas normalizados, as observações podem fornecer um índice fiável da densidade populacional. A análise dos dados é semelhante à das observações directas. Davis e Winstead (1980) e Wemmer et. al (1996) apresentam uma panorâmica dos métodos baseados em sinais animais.

As espécies esquivas podem ser amostradas utilizando dispositivos de deteção remota posicionados na área de estudo. As placas de rastreio (Zelinski e Stauffer 1996) e as armadilhas para pêlos (Scotts e Craig 1988, McDaniel et al. 2000) são baratas e adequadas para determinar a ocorrência e distribuição de mamíferos raros na área de estudo. Os detectores ultra-sónicos podem ser utilizados para monitorizar as populações de morcegos (Kunz et al. 1996), mas nem sempre é possível distinguir com fiabilidade todas as espécies de morcegos. As estações de câmaras remotas com registadores de dados (Cutler e Swann 1999, Moruzzi et al. 2002) não só detectam a ocorrência das espécies, como também podem fornecer informações sobre o sexo, a idade e os padrões de atividade dos indivíduos. Os iscos colocados numa placa de rasto ou numa estação fotográfica podem ser utilizados para aumentar a probabilidade de deteção de uma espécie críptica ou rara, mas podem também enviesar as estimativas efectuadas ou atrair desproporcionadamente espécies omnívoras comuns, como o gambá da Virgínia ou o guaxinim do Norte (Figura 8.3).

Gambá da Virgínia atraído por um laço de pelo iscado com maçãs. O isco pode atrair animais e aumentar a probabilidade de deteção de uma espécie, mas pode também fornecer um índice de abundância enviesado. A radiotelemetria é utilizada há muitos anos para recolher dados sobre os movimentos da fauna selvagem e dos peixes, a dimensão da área de vida e a seleção do habitat (Figura 8.4). Atualmente, estão disponíveis comercialmente transmissores com peso inferior a 1,0 g, o que torna possível seguir todos os vertebrados, exceto os mais pequenos. Os sistemas de localização que utilizam satélites do sistema de posicionamento global (GPS) permitem monitorizar a localização dos animais em tempo real, sem necessidade de os inspectores determinarem as direcções dos sinais de rádio no terreno, e estão a tornar-se mais acessíveis em termos de preço. Uma coleção de resumos sobre métodos de telemetria da vida selvagem (USGS 1997) fornece uma introdução útil ao tópico para estudos terrestres. O radar de banda marítima tem sido utilizado para contar aves migratórias em pontos de observação (Harmata et al. 1999) e monitorizar padrões de atividade de murrelets marmoreados (Burger 2001).

Chita com um rádio-colar na Reserva de Vida Selvagem de Moremi, no Botsuana. Fotografia de Nancy McGarigal e utilizada com a sua autorização.

Finalmente, as análises genéticas de tecidos recolhidos em armadilhas para pêlos, dejectos ou outros tecidos conduziram a uma explosão de abordagens para avaliar populações, dispersão e padrões evolutivos (Haig 1998, Mills et al. 2000).

História de vida e características da população

Certas técnicas são mais frequentemente utilizadas com alguns grupos taxonómicos do que com outros. Nesta secção, fornecemos orientações sobre os tipos de técnicas que podem ser consideradas em função das espécies incluídas no seu programa de monitorização.

Anfíbios e répteis

O pequeno tamanho, a natureza críptica e os hábitos fossoriais das salamandras tornam a recolha de dados particularmente difícil. Muitos anfíbios terrestres deslocam-se apenas a curtas distâncias e não são susceptíveis a técnicas de captura passiva. Estas espécies são geralmente objeto de amostragem através de buscas visuais e de técnicas de captura manual, com um esforço de amostragem padronizado por área (Jaeger e Inger 1994, Bailey et al. 2004) ou por um limite de tempo (Crump e Scott 1994) (Figura 8.2). As espécies que migram entre charcos aquáticos de reprodução e tipos de habitat terrestres podem ser susceptíveis a armadilhas de queda com cercas de deriva (Corn 1994). No caso das espécies que se reproduzem em lagos, as massas de ovos são frequentemente mais detectáveis do que os adultos da mesma espécie, o que torna as massas de ovos mais adequadas para estudos de monitorização de populações. Shaffer et al. (1994) e Olson et al. (1997) forneceram uma excelente introdução às técnicas de inventariação de anfíbios em lagos.

Os estudos com painéis de cobertura têm sido amplamente adoptados para estimar a abundância relativa de populações de anfíbios e répteis em diferentes tipos de habitat (Grant et al. 1992, Harpole e Haas 1999, Engelstoft e Ovaskake 2000). Os painéis de cobertura são objectos como tábuas ou coberturas metálicas que fornecem cobertura diurna aos animais e que, quando levantados, revelam uma amostra dos animais da zona que os utilizam. Por conseguinte, trata-se de uma amostra de uma parcela para as espécies que procuram abrigo.

Figura 8.5. Uma cobra-gopher e uma cobra-liga a descoberto debaixo de uma placa de cobertura utilizada para recolher amostras de répteis numa savana de carvalhos do Oregon, Oregon.

Aves

No seu conjunto, muitas espécies de aves são objeto de amostragem à distância, devido à sua grande mobilidade e vocalidade (Rostenstock et al. 2002, e ver Buckland et al. 1993 para uma visão geral da amostragem à distância). Consequentemente, existem dois meios principais de deteção de muitas espécies de aves, o que aumenta a probabilidade de serem detectadas, especialmente durante a época de reprodução, quando os machos são frequentemente territoriais. As espécies diurnas amostradas em prados, pântanos ou outras condições de vegetação bastante uniformes podem frequentemente ser amostradas através de transectos (por exemplo, Ribic e Sample 2001). As amostras colhidas em áreas onde o terreno acidentado ou outros factores impedem a utilização de transectos baseiam-se em contagens de pontos (Buckland 1987). Outras técnicas comummente utilizadas incluem a cartografia de pontos para compreender as densidades territoriais (e.g., Dobkin e Rich 1998), a procura de ninhos para compreender as densidades de nidificação e variações do método de Mayfield para calcular o sucesso dos ninhos (Johnson e Shaeffer 1990). As espécies nocturnas apresentam desafios adicionais, mas as contagens pontuais de corujas durante a época de acasalamento podem ser eficazes, especialmente se forem utilizadas gravações de chamadas de retorno para obter respostas (Hardy e Morrison 2000). No entanto, as gravações de retorno de chamada podem introduzir enviesamentos quando as gravações são reproduzidas em áreas com diferentes estruturas vegetativas ou topografia. Por último, o registo de bandas e a devolução de bandas podem ser utilizados para estimar a longevidade e a estrutura etária das populações (Pollock e Raveling 1982).

Mamíferos

Os pequenos mamíferos são frequentemente amostrados com recurso a armadilhas de várias formas (figura 8.6). As armadilhas para animais vivos são frequentemente utilizadas, dado que são adequadas para estimativas da dimensão da população através de recaptura, ou podem ser utilizadas armadilhas para animais vivos ou armadilhas para matar para estimar a abundância relativa das capturas por unidade de esforço. Quando se utiliza qualquer tipo de armadilha, as directrizes relativas ao bem-estar dos animais devem ser revistas e respeitadas.

As armadilhas vivas fixadas às árvores são particularmente eficazes para a recolha de amostras de esquilos voadores e de outras espécies arborícolas. Foto de esquilo voador por Cheron Ferland, usada com permissão. Fotografia de uma mulher a verificar a armadilha, de Laura Navarrette, utilizada com autorização.

As probabilidades de deteção são influenciadas pelo número de noites de armadilha (o número de armadilhas multiplicado pelo número de noites amostradas). As taxas de captura são facilmente influenciadas por factores como as interacções intra-específicas dependentes da densidade, o clima e o habitat, pelo que as probabilidades de captura devem ser calculadas para permitir uma estimativa imparcial da abundância relativa (Menkens e Anderson 1988). Isto é particularmente importante quando se avaliam as tendências ao longo do tempo em circunstâncias em que o clima e outras condições que afectam a capacidade de captura variam de ano para ano.

Os mamíferos de maior porte, especialmente os que formam agregações sociais ou que ocorrem como populações agrupadas, podem ser mais eficazmente observados por técnicas de observação do que por métodos de captura. Os levantamentos aéreos de ungulados são muitas vezes efectuados através de procedimentos de amostragem à distância, mas, mais uma vez, a observabilidade entre tipos de vegetação, condições meteorológicas e topografias deve ser tida em conta para garantir estimativas imparciais da abundância (Pollock e Kendall 1987).

A ocorrência e os índices de abundância de mamíferos de tamanho médio são muitas vezes abordados com recurso a câmaras activadas remotamente, estações de odores, contagens de rastos ou placas de rastos, ou levantamentos com holofotes (Figura 8.3; Gese 2001). Cada uma destas técnicas tem a vantagem de ter um custo razoavelmente baixo e de ser eficaz na deteção de certas espécies (ver Gese 2001), mas normalmente não é possível estimar a dimensão da população.

Os morcegos apresentam um problema de amostragem único. A utilização de gravações ultra-sónicas dos seus chamamentos de alimentação pode ajudar a distinguir algumas espécies que ocorrem numa área (O'Farrell et al. 1999), mas as estimativas de abundância são frequentemente efectuadas em locais de repouso ou de maternidade.

Efeitos do terreno e da vegetação

Imagine que está a contar todas as aves que consegue ver ou ouvir ao longo de um transecto que se estende desde o centro de uma mancha florestal até ao centro de um campo adjacente. Pretende determinar se a abundância relativa de aves difere entre os dois tipos de habitat. Detecta 28 aves na floresta e 34 no campo. Há mais aves no campo do que na floresta? Talvez. Mas provavelmente não. A sua capacidade de detetar aves na floresta é prejudicada pela visibilidade reduzida na floresta em comparação com um campo mais aberto. Assim, se corrigirmos as diferenças na detetabilidade em função do tipo de vegetação (utilizando técnicas comuns na amostragem à distância), o número de aves detectadas por unidade de área poderá ser muito maior na floresta do que no campo. Consequentemente, a simples contagem bruta de animais sem ter em conta a distância do observador ao animal é muitas vezes tendenciosa e não deve ser utilizada como variável de resposta em programas de monitorização. Isto é particularmente importante quando a estrutura da vegetação é suscetível de mudar ao longo do período de monitorização.

Em escalas temporais humanas, o terreno não muda (normalmente) de forma apreciável de um período de tempo para outro, mas as observações devem ainda ser padronizadas pela sua detetabilidade em vários cenários.

Méritos e limitações dos índices em relação aos estimadores

Os índices são frequentemente utilizados para avaliar as mudanças nas populações ao longo do tempo, com base no pressuposto de que algum aspeto da deteção está relacionado com a densidade real dos animais. Por exemplo, apresentam-se de seguida alguns exemplos de índices de abundância:

- contagem de rastos (Conner et al. 1983)
- contagem de grupos de pellets (Fuller 1991)
- taxas de captura (Cole et al. 2000)
- taxas de deteção de pássaros machos cantores (McGarigal e McComb 1998)
- dominância relativa (populações de plantas)
- contagem de ninhos de esquilo (Healy e Welsh 1992)
- contagem de alojamentos ou esconderijos de castores (Easter-Pilcher 1990)

Estes exemplos não fornecem estimativas de populações; em vez disso, um índice é medido com o pressuposto de que o índice está relacionado com a população ou a sua aptidão de uma forma conhecida e que as alterações observadas na medição do índice ao longo do tempo reflectirão alterações na população de acordo com esta relação. É frequente fazer-se suposições como a de que quanto mais rastos forem vistos, mais indivíduos estarão presentes; ou quanto mais aves machos forem ouvidas a cantar, mais aves se reproduzirão no local. Mas a fiabilidade destes pressupostos é posta em causa e, de facto, a possibilidade de enviesamento associada aos índices de abundância é bastante elevada. Por exemplo, a contagem de rastos pode estar relacionada com a abundância de animais ou com os seus níveis de atividade, mas, por outro lado, pode estar relacionada com as características do substrato, com o clima ou com qualquer combinação destas opções. Do mesmo modo, as contagens de machos cantores podem representar tendências na abundância de machos territoriais, mas se alguns machos não atraírem uma companheira, o número de machos cantores pode não indicar a abundância de fêmeas nidificantes nem a produção reprodutiva. As taxas de captura de animais no espaço e no tempo podem estar relacionadas com a abundância de animais ou com a sua vulnerabilidade à captura em diferentes áreas de qualidade do habitat. Por conseguinte, embora os índices de abundância sejam frequentemente utilizados devido a condicionalismos logísticos, é necessário ter muita prudência na interpretação dos resultados. Com efeito, é muitas vezes útil realizar um estudo-piloto que permita afirmar, com um nível de certeza conhecido, qual é a relação entre o índice e a população real (ou a aptidão) da espécie monitorizada. Para o fazer, é necessária uma estimativa da população.

Os estimadores fornecem informações adicionais ao utilizador e podem ajudar a resolver alguns dos enviesamentos inerentes a muitos índices. Felizmente, existem vários instrumentos disponíveis para estimar abundâncias que se baseiam na teoria da amostragem e que podem resultar em níveis conhecidos de confiança em torno das estimativas. Por exemplo, os estimadores de distância fornecem um mecanismo para estimar a abundância de organismos a partir de pontos ou transectos em que a detetabilidade pode diferir entre tipos de vegetação ou cursos de água. Os estimadores de população estão geralmente disponíveis como software livre: https://www.usgs.gov/software/wildlife-software-and-models

Uma variedade de informações é utilizada como base para as estimativas das populações (captura-recaptura e devolução de bandas), algumas das quais podem também fornecer estimativas de sobrevivência e reprodução. A grande vantagem da utilização de estimadores de população é o facto de as estimativas de abundância, sobrevivência e distribuição por classes etárias poderem ser feitas com estimativas de confiança. É evidente que, com uma amostragem repetida de sítios independentes, os índices de abundância podem ser calculados com intervalos de confiança, mas subsistem dúvidas quanto ao pressuposto de uma associação imparcial entre o índice e a caraterística da população em causa. Consequentemente, é importante, ao conceber protocolos de monitorização, assegurar que os estimadores sejam considerados e, se não for logisticamente possível utilizar estimadores como variável de resposta no programa de monitorização, então o índice selecionado deve ser justificado relativamente à sua associação conhecida com a caraterística da população em causa. Se tal não for possível, então tanto os pressupostos como as implicações da violação desses pressupostos devem ser claramente indicados.

Estimativa da estrutura da comunidade

Embora grande parte deste livro se centre na monitorização das espécies e das condições ambientais em que vivem, por vezes os gestores podem estar preocupados em manter ou desenvolver condições que promovam comunidades diversas ou funcionais, ou em detetar declínios na diversidade funcional face a factores de stress ambiental. Os indicadores de diversidade evoluíram ao longo de décadas e fornecem um meio de comparar a complexidade entre locais ou épocas. Infelizmente, a maior parte das métricas de diversidade também fornecem informações sobre as respostas individuais das espécies num ou em alguns números. Para compreender o que está realmente a acontecer numa comunidade, uma métrica de diversidade deve ser desconstruída para ver as alterações em espécies ou populações individuais. O diabo está, de facto, nos pormenores. No entanto, as métricas de diversidade continuam a ser utilizadas como um guia para a estrutura e função da comunidade. Normalmente, uma métrica de diversidade consiste numa estimativa do número de espécies numa unidade de espaço e tempo (riqueza de espécies) e na distribuição de indivíduos entre essas espécies (equidade). Na maioria das métricas de equitabilidade, o valor máximo que se pode atingir é 1,00 (um número igual de indivíduos por unidade de área representada entre todas as espécies da comunidade; ou seja, nenhuma espécie domina a comunidade). Mas considere o exemplo da tabela 8.2. A floresta e a pastagem hipotéticas têm a mesma diversidade e uniformidade. Serão então a mesma comunidade? Funcionam de forma semelhante? É óbvio que não. De facto, o grau em que as duas comunidades são semelhantes na representação das espécies e na distribuição dos indivíduos entre as espécies em comum entre as duas comunidades indica que a percentagem de semelhança entre as duas comunidades é 0. De facto, cada comunidade tem mais em comum com uma comunidade mais rica em espécies e mais uniforme representada numa savana do que na floresta ou na pastagem. Então a savana é melhor porque é mais rica em espécies e mais diversificada? Não, é apenas diferente. Em suma, estas métricas da estrutura da comunidade podem ser muito difíceis de interpretar sem aprofundar os pormenores que as compõem.

Exemplo de estimativas de diversidade de espécies e de similaridade de comunidades para três comunidades hipotéticas.

	Comunidade		
	Floresta	Savana	Prados
Chapim-de-bico-preto	10	4	0
Pardal-canário	2	4	0
Pisco-de-peito-ruivo	4	3	0
Pardal gafanhoto	0	3	4
Carriça dos pântanos	0	1	2
Pardal da savana	0	1	10
Riqueza de espécies	3	6	3
Número de indivíduos	16	16	16
A uniformidade de Simpson	0.797	0.956	0.797
Espécie de Simpson[1] Diversidade	0.567	0.850	0.567
Similaridade comunitária (%)[2]			
Floresta-Savana	0.563		
Floresta-Pastagem	0.000		
Savana-Pastagem	0.313		
[1] Branco (1986)			
[2] Itow (1991)			

A amostragem de comunidades de forma a produzir estimativas imparciais da estrutura da comunidade também pode ser problemática. A avaliação da riqueza de espécies pode ser tão simples como elaborar uma lista de espécies detectadas numa área utilizando técnicas normalizadas. Mas é provável que algumas espécies sejam mais facilmente detectadas do que outras. Algumas são activas em diferentes alturas do dia e algumas deslocam-se mais do que outras. Assim, as estimativas de riqueza são confundidas por diferenças na detetabilidade. Quando as métricas de diversidade são calculadas utilizando estes dados, surgem complicações adicionais porque as estimativas de abundância para cada espécie na comunidade devem ser imparciais e baseadas na mesma unidade de espaço e tempo. Mais uma vez, a detetabilidade diferencial das espécies e os enviesamentos resultantes do movimento fazem com que as estimativas de equidade sejam confundidas entre as diferenças

reais de abundância entre espécies e as diferenças de deteção entre espécies. Os inquéritos para determinar a presença de uma espécie numa área requerem normalmente uma intensidade de amostragem menor do que o trabalho de campo necessário para recolher outras estatísticas populacionais.
Outra métrica que pode ser calculada a partir de dados recolhidos num quadro de monitorização diz respeito a esforços de amostragem desiguais quando se tenta estimar o número de espécies numa área. Uma vez que as espécies raras têm frequentemente menos probabilidades de serem detectadas do que as espécies comuns, é possível estimar o número de espécies com base em curvas de rarefação, de modo a poder comparar o número de espécies encontradas em duas áreas quando o esforço de amostragem é diferente (Simberloff 1972).

Estimativa da integridade biótica

Karr (1981) desenvolveu um índice de integridade biótica (IBI) que foi concebido para ser utilizado para comparar aspectos das comunidades piscícolas entre locais de uma forma padronizada que reflectisse a qualidade da água do local no que diz respeito à sua capacidade de suportar comunidades piscícolas. Incluía aspectos de riqueza de espécies, saúde dos peixes e uma série de outros parâmetros. Desde então, os investigadores adaptaram esta técnica a outros taxa, incluindo macroinvertebrados aquáticos e aves (Bryce et al. 2002). Embora a estrutura geral dos IBIs seja semelhante à desenvolvida por Karr (1981), cada IBI é tipicamente elaborado para uma condição de referência típica da eco-região em que a área amostrada ocorre. Assim, um IBI desenvolvido para a floresta mesofítica mista dos Apalaches pode ter uma estrutura semelhante à de um IBI desenvolvido nas montanhas Cascades do Oregon, mas os parâmetros medidos basear-se-iam num conjunto muito diferente de condições de referência. Por esta razão, os IBI não são normalmente utilizados em protocolos de monitorização terrestre e, tal como os índices de diversidade, podem ocultar informações que devem ser extraídas através da desconstrução do índice.

Revisão do protocolo de normalização

Independentemente da abordagem adoptada, determinados aspectos de uma conceção de amostragem devem ser normalizados para minimizar o enviesamento dos dados resultantes. Ver capítulo 7 para uma visão mais pormenorizada das técnicas de normalização. No mínimo, deve ser dada atenção específica à amostragem consistente do mesmo local ao longo do tempo, à amostragem durante a mesma estação e hora do dia e à utilização do mesmo equipamento de um período de amostragem para o seguinte.
Para além da consistência nas técnicas de amostragem, locais e horários, a maioria das abordagens descritas neste capítulo necessitará da aprovação de um Comité Institucional de Cuidados e Utilização de Animais (IACUC) ou de uma comissão de revisão comparável em universidades e agências. As normas de cuidados a ter com os animais durante a investigação são rigorosas e devem ser aplicadas também aos programas de monitorização (ver Laber et al. 2007 e Hafner 2007 para uma perspetiva sobre as limitações de tais revisões).

Restrições orçamentais

A escolha da técnica de amostragem a utilizar, quando se apresentam opções e um conjunto de metas e objectivos, é muitas vezes motivada tanto por limitações de tempo e dinheiro como pela técnica ideal para obter os dados necessários. Por exemplo, embora a informação sobre a sobrevivência dos juvenis face às alterações climáticas possa ser uma consideração primordial para uma espécie de vida longa, um substituto adequado pode ser um índice da abundância de juvenis do ano e de animais adultos na população. Uma vez que as decisões orçamentais são frequentemente tomadas com base na gravidade social da questão, e uma vez que os valores sociais mudam com o tempo, o mesmo acontece com os orçamentos. Consequentemente, é muitas vezes sensato desenvolver um programa de monitorização utilizando técnicas que sejam resistentes a preocupações relativas a enviesamento e precisão e que sejam rentáveis, mesmo que não resultem no nível ideal de dados de aptidão que seriam necessários para responder a questões demográficas de forma mais definitiva. Podem ser recolhidas informações demográficas mais pormenorizadas de forma complementar se o nível de preocupação social atingir um ponto em que seja obrigatório.

Resumo

Existe uma enorme variedade de métodos disponíveis para detetar, enumerar ou avaliar a aptidão dos organismos. A combinação da abordagem adequada com as metas e objectivos do estudo é um primeiro passo fundamental na conceção de um programa de monitorização. Os dados necessários para atingir os objectivos do inventário e da monitorização são frequentemente o fator determinante para decidir quais as técnicas a utilizar num programa de monitorização. Além disso, a escala do programa de monitorização também pode influenciar os métodos utilizados. No caso de programas com objectivos restritos sobre espécies altamente valorizadas, podem ser adequadas medições detalhadas da aptidão física. À medida que a escala do projeto no espaço e no tempo aumenta, as estimativas de abundância ou ocorrência podem ser a abordagem mais viável.

Além disso, os diferentes taxa variam na sua propensão para serem amostrados com métodos diferentes. Enquanto os animais sésseis podem ser amostrados com recurso a uma amostragem em quadrícula, as espécies de grande envergadura podem ser mais facilmente amostradas com recurso a câmaras ou armadilhas para pêlos, que podem fornecer informações sobre a ocorrência ou os movimentos individuais. De forma semelhante, a simples logística associada à amostragem em terrenos inóspitos (para os humanos) limita as opções de estratégias de amostragem disponíveis. Por último, as restrições orçamentais e logísticas significam muitas vezes que o sistema de amostragem ideal pode não ser viável porque não há tempo ou dinheiro disponível para aplicar a técnica de forma a cumprir adequadamente os objectivos e metas.

No meio de todas as decisões relativas à técnica a empregar, deve estar continuamente consciente da necessidade de normalizar as abordagens no espaço e no tempo e procurar minimizar quaisquer enviesamentos nos seus métodos de amostragem.

QUADRATURA CENTRADA EM PONTOS, QUADRATURA, TRANSECTO DE FAIXA

O método do quarto centrado no ponto foi desenvolvido por Cottam e Curtis na década de 1950 como **uma técnica sem parcelas para estimar a densidade**. Pressupõe que as espécies-chave seguem um padrão espacial aleatório e é sensível a enviesamentos quando as plantas apresentam uma disposição mais contagiosa.

O que é o método centrado no ponto?

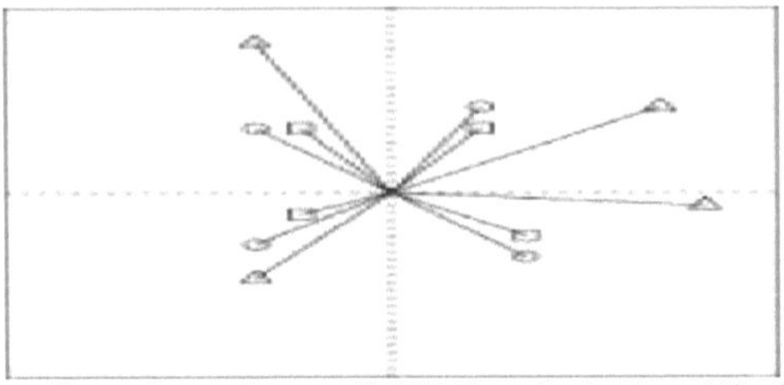

No Método do Quarto Centrado em Pontos (PCQM), a distância média das primeiras plantas mais próximas em cada quadrante de um número de pontos de amostragem aleatórios é convertida em densidade de plantas. É um método rápido para estimar a densidade de plantas.

Como é que se utiliza o método do quarto centrado no ponto?

Neste método, os pontos são geralmente localizados sistematicamente em intervalos fixos ao longo de uma travessia. Em torno de cada ponto são delimitados quatro quartos ou quadrantes e a distância é medida do ponto ao centro do caule individual mais próximo em cada quadrante. A espécie e o diâmetro deste caule são também registados.

O que é o método Quadrat de pontos?

Quadrantes pontuais

Uma quadratura pontual é uma estrutura em forma de T. A barra do T tem dez orifícios e, para recolher amostras de vegetação, um alfinete comprido, semelhante a uma agulha de tricotar, é enfiado em cada orifício. As diferentes plantas que o alfinete "atinge" quando é empurrado em direção ao solo são identificadas e contadas.

Os quadrantes podem ser de quatro tipos:

- Lista Quadrat: Enumerar os nomes das diferentes espécies que crescem no quadrado.
- Quadrado de Lista-Campo: Regista o número de indivíduos de cada espécie representados em cada quadrante.
- Gráfico Quadrat: ...
- Clip Quadrat:

utilização do método dos Quadrantes

Por método da quadrícula em fitogeografia ecológica entende-se o estudo intensivo da vegetação ou do ambiente de uma área limitada e definitivamente circunscrita, designada por quadrícula, com o objetivo de obter um conhecimento global da vegetação no seu todo.

a amostragem por quartos centrados no ponto é utilizada como técnica?

O método do quarto centrado no ponto foi desenvolvido por Cottam e Curtis na década de 1950 como uma técnica sem parcelas **para estimar a densidade**. Pressupõe que as espécies-chave seguem um padrão espacial aleatório e é sensível a enviesamentos quando as plantas apresentam uma disposição mais contagiosa.

MÉTODO QUARDRAT

A amostragem em quadrícula permite registar a frequência de ocorrência e a cobertura estimada das espécies vegetais. A técnica de quadratura é **um método rápido para registar o número e a percentagem de cobertura de diferentes espécies**. Um quadro de amostragem em quadratura é construído em plástico PVC e é colocado diretamente sobre a vegetação em intervalos específicos.

método de amostragem da vegetação?

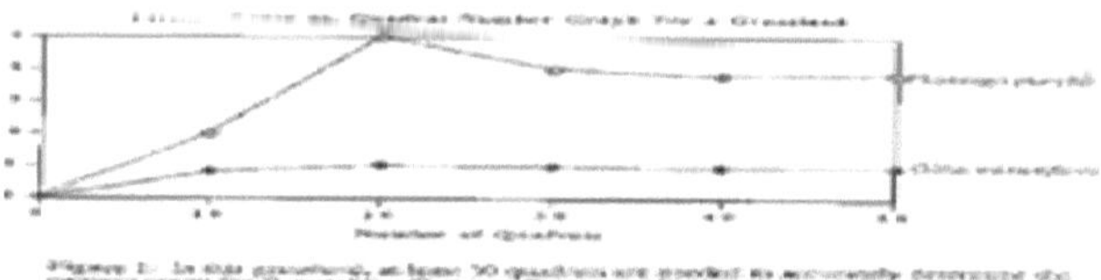

Os métodos tradicionais de amostragem de plantas, como a **amostragem por quadrantes, os métodos sem parcelas e os métodos de distância,** podem fornecer estimativas exactas do coberto, da densidade e da frequência.

A amostragem em quadrículas é **uma ferramenta clássica para o estudo da ecologia, especialmente da biodiversidade**. Em geral, uma série de quadrados (quadrats) de uma determinada dimensão é colocada num habitat de interesse e as espécies presentes nesses quadrats são identificadas e registadas.

significado do método do quadrado?

Por método da quadrícula em fitogeografia ecológica entende-se o estudo intensivo da vegetação ou do ambiente de uma área limitada e definitivamente circunscrita, designada por quadrícula, com o objetivo de obter um conhecimento global da vegetação no seu todo.

Os quadrantes podem ser de quatro tipos:

- Lista Quadrat: Enumerar os nomes das diferentes espécies que crescem no quadrado.
- Quadrado de listagem: Regista o número de indivíduos de cada espécie representados em cada quadrante.
- Gráfico Quadrat: ...
- Clip Quadrat:

fórmula para quadrats?

A equação do quadrat utiliza a densidade populacional para calcular a população total estimada ou N: **N = (A/a) x n**, em que A é a área total de estudo, a é a área do quadrat e n é a densidade populacional.

as vantagens da utilização de quadrantes?

Os quadrantes são parcelas distribuídas aleatoriamente que permitem aos investigadores recolher dados e utilizá-los para fazer suposições sobre toda a área de estudo ou sobre as espécies estudadas. Os quadrantes são **fáceis de utilizar, pouco dispendiosos e adequados para o estudo de plantas, animais que se deslocam lentamente e animais que se deslocam mais rapidamente com um alcance reduzido**.

quadrats utilizados para medir?

Uma quadrícula é um quadro, tradicionalmente quadrado, utilizado em ecologia, geografia e biologia para **isolar uma unidade padrão de área para o estudo da distribuição de um elemento numa grande área**.

Porque é que os quadrantes são utilizados para as plantas?

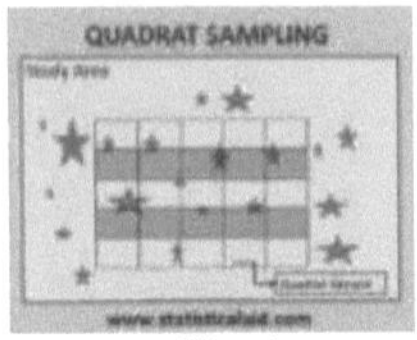

A amostragem em quadrícula é largamente utilizada em estudos sobre plantas. É aplicada em ecologia, especialmente no domínio da biodiversidade. É utilizada **para determinar a riqueza taxonómica de taxa de movimento lento numa determinada área**. É a melhor medida para encontrar a riqueza taxonómica numa zona costeira.

Um STRIP TRANSECT é uma pequena subsecção de uma área de estudo geograficamente definida, normalmente escolhida ao acaso. Por exemplo, Manly (Introduction to Ecological Sampling, CRC) fala da utilização de faixas seleccionadas aleatoriamente com 3 metros de largura e 20 metros de comprimento, que são cuidadosamente examinadas e o número de pelotas de veado é contado.

Os principais métodos são a **amostragem por transectos lineares e a amostragem por transectos pontuais**. diferentes tipos de transectos?

A estimativa da abundância das populações (como as espécies de mamíferos terrestres) pode ser obtida utilizando vários tipos de métodos de transectos, como os transectos em **faixa, os transectos em linha, os transectos em cintura, os transectos pontuais e os transectos em linha curva**

A amostragem por faixas é **uma forma de amostragem em parcelas fixas que utiliza parcelas longas e estreitas**. Este método pode ser
adequado para sítios com variações devidas a gradientes ambientais. A amostragem por transectos é frequentemente
utilizado para inventários de sobrevivência de plântulas. o objetivo dos transectos?

Os transectos são os elementos fundamentais das nossas observações no terreno. **Ajudam-nos a medir, fazer
observações e registo de dados em todas as nossas parcelas de monitorização**. Sem eles, seria muito difícil representar a complexidade de um ambiente natural de uma forma que

pudesse ser acompanhada ao longo do tempo e comparada com outras áreas
as vantagens do método de transectos?

Consome **menos tempo do que outros instrumentos de recolha de informação**, uma vez que podem ser identificadas muitas intervenções diferentes utilizando um único instrumento. As comunidades, algumas pela primeira vez, podem analisar as ligações, os padrões e as inter-relações da utilização dos solos.

MANIPULAÇÃO DO HABITAT: ALIMENTO, ÁGUA, SOMBRA, IMPACTO E REMOÇÃO DE ESPÉCIES EXÓTICAS INVASORAS

A manipulação do habitat é uma subdisciplina do controlo biológico de conservação que visa melhorar ativamente os habitats para os inimigos naturais, a fim de os estabelecer em número suficiente para suprimir as pragas das culturas abaixo do limiar económico.

Unidade - III Estimativa da população Conceito básico e aplicações - Contagem direta (contagem em bloco, métodos de transectos, contagem pontual, levantamento de encontros visuais, levantamento de charcos). Contagem indireta (contagem de chamadas, rastreio e sinalização, contagem de pellets, armadilha fotográfica de marca de pug. Impressão digital de ADN e fotografia aérea)

ESTIMATIVA DA POPULAÇÃO:

Definição de população:

A população é um conjunto de indivíduos de uma determinada espécie, que se encontram numa determinada área geográfica.

A população que ocupa uma área muito pequena, é mais pequena em tamanho, tal população é chamada de população local. Um grupo de populações locais estreitamente relacionadas é designado por meta-população. A ecologia populacional é uma área importante da ecologia porque liga a ecologia à genética populacional e à evolução. A seleção natural opera a níveis de população.

Atributos da população:

Uma população tem certos atributos que um organismo individual não tem.

Algumas delas são apresentadas a seguir:

(i) Tamanho ou densidade da população:

É o número de indivíduos de uma espécie por unidade de área ou volume

$$\frac{\text{No. of cells/organs growing}}{\text{No. of cells/organs thawed}} \times 100$$

Taxa de natalidade (Natalidade):

É a taxa de produção (taxa de natalidade) de novos indivíduos por unidade de população e por unidade de tempo. Por exemplo, se num lago existirem 20 plantas de lótus no ano passado e, através da reprodução, forem acrescentadas 8 novas plantas, elevando a população atual para 28. Então, a taxa de natalidade = 8/20 = 0,4 descendentes por lótus por ano.

(ii) Taxa de mortalidade (Mortalidade):

É a taxa de perda de indivíduos (taxa de mortalidade) por unidade de tempo devido à morte ou devido a diferentes alterações ambientais, competição, predação, etc. Por exemplo, se os indivíduos de uma população laboratorial de 40 moscas da fruta morrerem durante um determinado intervalo de tempo. Então, a taxa de mortalidade = 4/40 = 0,1 indivíduos por mosca da fruta por semana.

(iii) Relação sexual:

Um indivíduo é um homem ou uma mulher, mas uma população tem um rácio entre os sexos, por exemplo, 60% da população é feminina e 40% é masculina.

Pirâmide etária:

A população, num dado momento, é composta por indivíduos de diferentes idades. Quando a distribuição etária (percentagem de indivíduos de uma determinada idade ou grupo etário) é traçada para a população, designa-se por pirâmide etária.

As pirâmides etárias da população humana mostram geralmente a distribuição etária dos homens e das mulheres num diagrama combinado.

O estado de crescimento da população reflecte-se na forma das pirâmides.

É isso mesmo:

(i) Crescimento Expansão

(ii) Estável

(iii) Em declínio.

CAPÍTULO III

Crescimento da população:

O tamanho de uma população de qualquer espécie não é um parâmetro estático, está sempre a mudar com o tempo.

Depende dos seguintes factores:

(i) Disponibilidade de alimentos
(ii) Pressão de predação
(iii) Tempo

A densidade de uma população num determinado habitat, durante um determinado período, flutua devido aos quatro processos básicos:

(a) A Natalidade refere-se ao número de nascimentos durante um determinado período na população que são adicionados à densidade inicial.
(b) A mortalidade é o número de mortes na população durante um determinado período.
(c) A imigração é o número de indivíduos da mesma espécie que entraram no habitat vindos de outro local durante o período de tempo considerado.
(d) A emigração é o número de indivíduos da população que deixaram o habitat e se mudaram para outro local durante um determinado período de tempo.

Destes quatro, a natalidade e a imigração contribuem para o aumento da densidade populacional, enquanto a mortalidade e a emigração contribuem para a diminuição da densidade populacional.

Assim, se N é a densidade populacional no momento t, então a sua densidade no momento t +1 é

$N_{t+1} = N_t + [(B + I) - (D + E)]$

Onde, N = Densidade populacional
t = Tempo, B = Taxa de natalidade, I = Imigração,
D = Taxa de mortalidade, E = Emigração

A partir das equações acima, podemos ver que a densidade populacional aumentará se (B + I) for superior a (D + E).

Modelos de crescimento:

Estudar o comportamento e o padrão de diferentes animais pode ajudar-nos a aprender uma lição sobre como controlar o crescimento da população humana.

Existem dois modelos de crescimento demográfico:

Crescimento exponencial:

A disponibilidade de recursos (alimentos e espaço) é essencial para o crescimento da população. A disponibilidade ilimitada resulta numa população exponencial. O aumento ou diminuição da densidade populacional (N) num período de tempo unitário (t) é calculado como (dN/dt) Seja dN/dt = (b - d) XN Seja (b-d) = r, então, dN/dt = rN

Onde, N é o tamanho da população, b é o nascimento per capita
d é a mortalidade per capita, t é o período de tempo e r é a taxa intrínseca de crescimento natural.

r, é um parâmetro importante que avalia os efeitos dos factores bióticos e abióticos no crescimento da população. É diferente para diferentes organismos.

É de 0,015 para a ratazana da Noruega e de 0,12 para o escaravelho da farinha. A equação acima resulta numa curva em forma de J, como mostra o gráfico.

A forma integral do crescimento exponencial é $N_t = N_0$ ert

Onde,

N_t = Densidade populacional após o tempo t, N_0 = Densidade populacional no tempo zero (início), r = Taxa intrínseca de crescimento natural, e = Base dos logaritmos naturais (2,71828).

Qualquer espécie que cresça exponencialmente em condições de recursos ilimitados, sem qualquer controlo, pode atingir enormes densidades populacionais num curto espaço de tempo.

Crescimento logístico:

Na prática, nenhuma população de qualquer espécie na natureza tem recursos ilimitados à sua disposição. Este facto leva à competição entre os indivíduos e à sobrevivência dos mais aptos. Por conseguinte, um determinado habitat dispõe de recursos suficientes para suportar um número máximo possível, para além do qual não é possível continuar a crescer.

Este valor é designado por capacidade de carga (K) para essa espécie nesse habitat. Quando N é representado em relação ao tempo t, o crescimento logístico apresenta uma curva sigmoide e é também designado por crescimento logístico de Verhulst-Pearl, sendo calculado como dN/dt = rN (K - N/K)

Onde, N é a densidade populacional no momento t K é a capacidade de carga e r é a taxa intrínseca de crescimento natural. Este modelo é mais realista por natureza, porque nenhum crescimento populacional pode sustentar um crescimento exponencial indefinidamente, uma vez que as necessidades básicas serão satisfeitas. A curva de crescimento da população humana tornar-se-á em forma de S, se estiverem a ser feitos esforços em todo o mundo para reduzir a taxa de crescimento da população e torná-la estacionária.

Nota:

A curva de crescimento da população humana não é em forma de J.

Variações na história de vida:

A aptidão darwiniana (valor 'r' elevado) afirma que a população evolui para maximizar a sua aptidão reprodutiva no habitat onde vive. Sob um conjunto específico de pressões de seleção, os organismos evoluem para a estratégia reprodutiva mais eficiente.

A taxa de reprodução varia de espécie para espécie:

a. Algumas espécies reproduzem-se apenas uma vez na sua vida (peixes salmão do Pacífico e bambu), enquanto outras se reproduzem muitas vezes na sua vida (aves e mamíferos).

b. Alguns produzem um grande número de descendentes de tamanho pequeno (ostras), enquanto outros produzem um pequeno número de descendentes de tamanho grande (aves e mamíferos).

c. As características da história de vida dos organismos evoluíram em função das limitações impostas pelas componentes bióticas e abióticas dos habitats em que vivem.

Uma estimativa da população é **um cálculo da dimensão de uma população para um ano entre períodos censitários ou para o ano em curso**. Existem dois tipos de técnicas de estimativa: inter-censitária e pós-censitária.

As estimativas da população podem **descrever a dimensão total da população, bem como características demográficas como a idade, o sexo ou o nível de educação**. As estimativas da população dependem das componentes demográficas da mudança: mortalidade, fertilidade e migração.

4 métodos utilizados para estimar o tamanho da população

Comparamos aqui as estimativas produzidas por quatro métodos diferentes para estimar o tamanho da população, ou seja, **contagens aéreas, observações de caçadores, contagens de grupos de pellets e análise de coortes** conceito básico de população

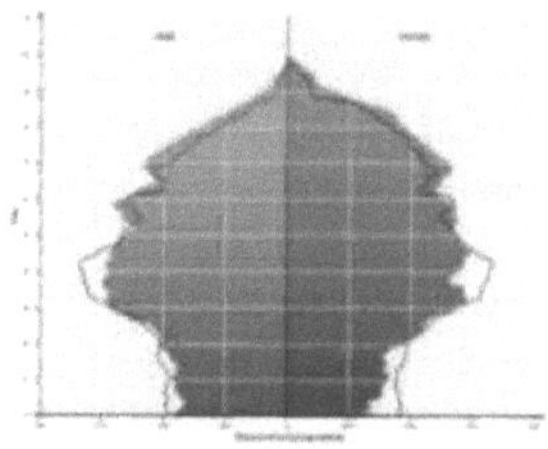

Uma população é definida como **um grupo de indivíduos da mesma espécie que vivem e se cruzam numa determinada área.** Os membros de uma população dependem frequentemente dos mesmos recursos, estão sujeitos a restrições ambientais semelhantes e dependem da disponibilidade de outros membros para persistirem ao longo do tempo.
Importância da estimativa da população - Área de incidência. Os decisores políticos e planeadores governamentais de todo o mundo utilizam as projecções demográficas **para avaliar a procura futura de alimentos, água, energia e serviços, e para prever as características demográficas futuras**
Estimar a importância da população- A estimativa da dimensão da população é um método utilizado para determinar a abundância de diferentes espécies que vivem numa comunidade. A estimativa do tamanho da população é importante porque **alterações significativas podem levar à extinção e afetar toda a comunidade.**
7 características da população

- Características ou qualidades da população.
- Dimensão e densidade da população.
- Dispersão da população ou disseminação espacial.
- Estrutura etária.
- Natalidade (taxa de natalidade)

Duas aplicações para estimar uma população
- Uma estimativa da população é um cálculo da dimensão de uma população para um ano entre períodos censitários ou para o ano em curso. Existem dois tipos de técnicas de estimativa: inter-censitária **e pós-censitária.**
Aplicações da ecologia das populações - Os modelos de ecologia das populações **fornecem explicações potencialmente poderosas para os fenómenos de nascimento, mortalidade e evolução das organizações.** Estas explicações decorrem da força da analogia proposta com a seleção natural.
O recenseamento pode ser realizado através de métodos de contagem direta ou de contagem indireta. **No método de contagem direta, os indivíduos são vistos e contados, enquanto no método de contagem indireta são registados os vestígios deixados pelos animais para estimar a população.**
Método direto de recenseamento da fauna bravia - No método de contagem direta, **podem ser contados todos os animais presentes numa área (contagem total) ou podem ser feitas contagens por amostragem.** A amostragem pode variar de uma simples amostragem aleatória a uma amostragem estratificada complexa.
Contagem indireta para estimar a população - Neste método, utiliza-se uma amostra aleatória da população em geral para estimar a dimensão das redes sociais dessa população e o número

de pessoas que pertencem aos subgrupos pretendidos nessas redes. Este método pode ser utilizado para estimar simultaneamente a população de vários grupos

As estimativas da população utilizam **o recenseamento como base de referência, adicionam os nascimentos, subtraem os óbitos e têm em conta a migração**. Podem ser utilizadas para o planeamento nacional e local. As estimativas da população são produzidas anualmente.

Contagem direta ou contagem visual para estimar o recenseamento da fauna selvagem: Pode dividir-se em dois tipos

(a) Contagem total:

Neste método, todos os indivíduos das espécies da zona/habitat são enumerados. Este método dá resultados correctos, mas só pode ser aplicado numa área limitada com boa visibilidade, porque numa área grande a sua execução é muito difícil. Devido à invisibilidade, é possível que alguns animais ou parte da área sejam deixados de fora.

Além disso, requer grandes despesas e um grande número de trabalhadores. Embora se suponha que, neste método, todos os indivíduos da espécie foram contados, não existe qualquer medida ou prova nesta fase de que todos os indivíduos foram definitivamente enumerados ou alguns deles foram deixados de fora. Na realidade, o método de contagem de amostras é mais fiável e mais exato.

Por conseguinte, o método de contagem total não é tão popular e é utilizado apenas em zonas especiais para animais ou aves especiais, como por exemplo:

i. A zona onde o recenseamento é indispensável a pé.
ii. A floresta é densa e as zonas de colinas onduladas ou íngremes.
iii. A área não é muito grande.

Este método de recenseamento deve obedecer aos seguintes critérios antes de ser adotado, tais como

i. A área de enumeração (área de recenseamento) não deve ser muito grande.
ii. As espécies a contar devem ser de tamanho grande para que possam ser facilmente visíveis e reconhecíveis.
iii. O número de enumeradores não deve ser muito reduzido, caso contrário, a contagem dos animais demorará mais tempo e, nesse caso, há a possibilidade de duplicação da contagem; mas se o número de enumeradores for muito grande, há a possibilidade de perturbações na zona durante as actividades de contagem.
iv. O pessoal envolvido no trabalho de recenseamento deve ser bem qualificado, formado e informado.
v. Este método não é adequado para os animais pequenos, de natureza tímida, solitários, secretos e noturnos.

Neste método, em primeiro lugar, a área total é dividida em diferentes **"Compartimentos ou Blocos"** de tamanho não superior a 2 kms. Estes compartimentos devem ser numerados. A área com o limite e os compartimentos com o número devem ser mencionados na folha de topo. Se necessário, a área total pode ser dividida em diferentes partes devido ao seu alargamento, tendo como limite um grande rio/montanha, etc.

A equipa de recenseamento deve ser qualificada e formada e deve dispor de um mapa da zona, de um relógio, de binóculos, de uma bússola prismática, de uma folha de recenseamento, etc. Antes de iniciar o recenseamento, devem ser determinadas as espécies-chave a recensear e, em função dessas espécies, devem ser fixados o percurso e o intervalo ou espaço (patti) entre dois grupos, etc. (para os animais de grande porte, o patti pode ser mais largo, enquanto que para os animais mais pequenos é menor, do ponto de vista da

visibilidade).
A equipa de recenseamento pode ser única ou múltipla, designada por "recenseamento por equipa única", "recenseamento por equipa múltipla" ou "recenseamento por unidade de linha". A equipa única requer menos pessoal, enquanto a equipa múltipla requer mais pessoal. Na equipa, deve haver pelo menos um funcionário, como um guarda florestal, que conheça bem a zona.
Em equipa única, durante o recenseamento, os assistentes percorrem o itinerário a uma distância tal que possam ver e ouvir o recenseador. Anotam no Proforma do caderno de campo as diferentes espécies observadas, com o respetivo número e hora, incluindo a idade e o sexo. A hora de início e de fim do percurso também deve ser mencionada no formulário.
O recenseamento por equipas múltiplas é semelhante ao recenseamento por uma única equipa, mas é mais exato e consome menos tempo, porque são empregadas mais do que uma equipa de recenseamento na zona de recenseamento. No recenseamento por uma só equipa, apenas uma equipa de recenseamento efectua o trabalho de recenseamento em toda a área, deslocando-se de um quarteirão para outro; no recenseamento por várias equipas, porém, mais do que uma equipa de recenseamento é utilizada para efetuar o seu trabalho de um quarteirão para outro.
Para o efeito, é feita uma linha de base ao longo do comprimento da zona de recenseamento com a ajuda de um compasso prismático. Esta linha de base pode ser tratada como qualquer estrada florestal ou linha de fogo, se disponível. Agora, nesta linha de base, as equipas de recenseamento são mantidas a distâncias iguais, que podem ser de 20 m a 100 m, dependendo da situação da floresta; por exemplo, se a floresta for espessa, pode ser de 20 m, se for caducifólia, de 50 m e, no caso de floresta aberta e fina, pode ser de 100 m.
Esta distância também depende da espécie-chave. Agora, todas estas equipas iniciarão o recenseamento ao mesmo tempo em direção à zona de recenseamento ao longo do ângulo de 90° da linha de base (fazendo a leitura com a bússola prismática). A leitura e o registo serão efectuados da mesma forma que no caso de uma única equipa, mas é de notar que a equipa de recenseamento da linha de fronteira não contará os animais encontrados fora da zona de recenseamento. Numa zona de recenseamento, deve haver um mínimo de 10 e um máximo de 20 equipas.
As equipas devem estar em bom contacto para que possam comunicar com a equipa adjacente e o espaço (distância) deve ser mantido durante todo o percurso. O comprimento do percurso de cada grupo pode variar, uma vez que a hora de início de todas as equipas é a mesma, mas a hora de conclusão/encerramento varia, mas a velocidade de marcha deve ser mais ou menos a mesma em todas as equipas; caso contrário, os mesmos animais serão contados também pela outra equipa e, por conseguinte, serão enumerados duas vezes, e assim por diante. Resumindo todas as folhas de recenseamento das diferentes equipas, calcula-se o número total da população (por espécie) para toda a área.

O método de contagem total pode ser dividido em dois tipos:

(i) Contagem espacial:

Neste método, a contagem é efectuada num determinado momento para toda a área.

Pode ser efectuada por qualquer pessoa através dos seguintes métodos:

(1) Método de condução ou método de batida:

É um dos métodos mais comuns de recenseamento. Os homens atravessam a área em linha e contam as aves e os animais que atravessam a linha para um dos lados e os recenseadores estão colocados em pontos de observação (fixos) para contar as aves que voam para fora da área de recenseamento. A contagem principal consiste nas aves ou animais que atravessam uma linha desimpedida na qual estão colocados observadores.

Neste método, os animais e as aves são expulsos dos seus lugares escondidos na área de recenseamento. Algumas pessoas fazem parte do grupo de condução e outras sentam-se nas árvores em diferentes locais do compartimento. Devido à condução, os animais vêm à sua frente e deslocam-se para a frente, enquanto as aves voam.

As aves que voam são registadas e os animais que passam são registados pelos enumeradores sentados nas árvores num ponto fixo do compartimento, como o cruzamento da linha mais larga ou qualquer outra parte clara do compartimento. Para evitar a dupla contagem, é de notar que os animais serão registados pelos enumeradores que passam apenas de um lado, à esquerda ou à direita.

O trabalho é efectuado em cada bloco e é concluído num único dia para toda a área, a fim de evitar a possibilidade de mistura de animais contados e não contados. Também são tomadas precauções para evitar a dupla contagem dos animais de um bloco para outro e, por isso, os enumeradores também são mantidos nos limites da zona que vai ser censurada (a outra zona onde o recenseamento ainda não foi efectuado) para que os animais contados não se desloquem para a zona não censurada. Este método foi aplicado com êxito nos Estados Unidos da América no caso dos veados e das aves.

(2) Método visual:

Este método é aplicado em áreas totalmente abertas ou onde a totalidade dos animais da área se junta num local aberto num determinado momento. Nestes casos, os animais são contados aproximando-se deles ou com a ajuda de um binóculo.

Por exemplo, no Parque Nacional de Kanha, numa zona de pastagem, os chitas de toda a área reúnem-se em grupos no mês de julho e os veados do pântano no mês de março/abril, pelo que podem ser contados durante alguns dias repetidamente, obtendo-se então o resultado final.

(3) Método aéreo ou fotográfico:

Se a área for aberta e os animais se encontrarem em grupos, podem ser contados através de um voo aéreo num pequeno avião. Se as espécies forem de pequeno porte, como as aves, etc., e o seu número for elevado, as fotografias podem ser tiradas pelo avião e o seu número pode ser enumerado no gabinete com a ajuda das fotografias.

(ii) Contagem Temporal:

Este é o método de recenseamento de uma área fixa num momento fixo. Neste método, toda a área é supostamente limitada a um ponto ou área fixa onde os animais são contados e atravessam num tempo ou período fixo. Este tipo de recenseamento é adaptado aos animais migratórios que atravessam de um habitat para outro.

Para contar tais espécies, elas são enumeradas, na época de migração, numa rota migratória clara como a autoestrada nacional ou outro caminho. Mas observar muito bem a rota migratória e contar o total de animais não é particularmente possível; e, portanto, este método não é tão satisfatório ou fiável como o método espacial.

(b) Método de contagem de amostras ou método de contagem parcial:

A contagem por amostragem é o método de enumeração em que são seleccionadas amostras representativas na área. Na amostra, os animais são contados pelo "método de contagem total" e, nesta base, o número total de animais (população) em toda a área é calculado estatisticamente (multiplicando toda a área pela densidade da população da área de amostragem).

No método de contagem total, todos os indivíduos da população numa área são contados; mas, geralmente, não é possível contar todos os indivíduos numa grande área, pelo que, na silvicultura, se utilizam as "contagens parciais" (equivalentes às enumerações parciais). Para o efeito, é adotado o "método da área de amostragem", que proporciona uma precisão razoável. Tal como noutros tipos de amostragem, deve ter-se o cuidado de selecionar a amostra ou o local de recenseamento de modo a que seja verdadeiramente representativo da área.
A área de amostragem selecionada deve incluir todos os tipos de habitats em quantidades representativas da região e, quando tal não for possível, é aconselhável a existência de áreas de amostragem separadas para cada tipo de habitat. É igualmente necessário proceder à aleatorização das parcelas de amostragem (amostragem aleatória). A parcela de amostragem mais comum é o "quadrado", cuja dimensão e forma podem variar.

O quadrado alargado ou quadrado linear tem a vantagem de abranger muitos tipos diferentes de coberturas e aspectos. Um outro dispositivo de amostragem é o "transecto", que é simplesmente uma linha traçada com um compasso de forma a incluir áreas representativas.
Um transecto é conveniente para uma amostragem rápida numa grande área, em regiões remotas e em terrenos acidentados. Mas o método de amostragem-contagem também é difícil, porque neste método é necessário abstrair dos pressupostos estatísticos e, por isso, requer conhecimentos de estatística.

Do ponto de vista do recenseamento, alguns termos são definidos da seguinte forma:

Amostra:

Um pequeno grupo ou fração retirado do **"Agregado da população" sobre o** qual queremos obter informações é designado por "Amostra" dessa população, e a metodologia de formação dessa amostra é designada por "Amostragem". Assim, no método de contagem por amostragem, a contagem é efectuada apenas em áreas de amostragem e o resultado é extrapolado para toda a área.
Para o efeito, calcula-se a densidade da população nas parcelas de amostragem e, em seguida, obtém-se a população total para toda a área multiplicando-a pela área total; ou pode também ser obtida através da soma do número de animais de todas as parcelas de amostragem na área total.

Fração de amostragem:

A medida da intensidade da amostragem designa-se por fracções de amostragem. Assim, é a razão entre a área das amostras onde foi efectuado o recenseamento e a área total a recensear (de onde foram escolhidas as parcelas de amostragem).
Fração de amostragem = Área da amostra onde foi efectuado o recenseamento/Área total
Percentagem de amostragem = fração de amostragem × 100

Métodos de amostragem:

No método de contagem por amostragem, a floresta ou a área total, onde o recenseamento deve ser efectuado, é designada por "universo". Este universo ou área total é dividido em pequenas unidades que são designadas por "unidades de amostragem". Agora, dentro destas unidades de amostragem, algumas delas são seleccionadas/escolhidas por qualquer um dos métodos de amostragem como unidades representativas, que são coletivamente designadas por "amostra".
Por exemplo, suponhamos que a área total é de 10.000 ha onde o censo de uma determinada espécie deve ser efectuado, esta área total é dividida em 1000 unidades, cada unidade contendo uma área de 10 ha que é chamada de unidade de amostra ou lote de amostra. Agora,

dentro destas 1000 unidades, através do método de amostragem estatística, 50 unidades são escolhidas como representativas e coletivamente conhecidas como "Amostra". Assim, a área da amostra será de 500 ha. contendo 50 unidades ou unidades de amostra com 10 ha de área cada.

Nestas unidades de amostragem, pelo método de contagem total, o número de espécies desejadas é enumerado. Agora; a partir deste número contado na amostra, o número total aproximado das espécies desejadas na área total (aqui 10.000 ha) é calculado estatisticamente. O "limite de confiança" do resultado também é calculado estatisticamente.

No exemplo acima, a Amostragem - Percentagem será:

$$\rho_a = 2\pi a \frac{\Delta V}{I}$$

Assim, verificamos que este método é comparativamente mais fiável e consome menos tempo, mas necessita de conhecimentos estatísticos.

Os métodos de amostragem ou de constituição da amostra são os seguintes

(i) Amostragem aleatória:

É o tipo de amostragem em que todos os indivíduos de uma população têm a oportunidade e a possibilidade de serem seleccionados (aleatoriamente) na amostra. Por conseguinte, neste método de amostragem, as unidades de amostragem/parcelas para efeitos de amostragem são escolhidas aleatoriamente. Por exemplo, se a área total for de 10 000 ha e a área da unidade de amostragem for de 1 ha, o número total de unidades de amostragem será de 10 000, que são numeradas.

Agora, a seleção de 5% das unidades de amostragem significa que 500 unidades de amostragem devem ser escolhidas como representantes. Para o efeito, 500 unidades de amostragem serão escolhidas através de sorteio ou da escolha aleatória de qualquer número de entre 10 000 unidades de amostragem. Assim, neste método, cada unidade de amostra tem a mesma oportunidade e hipótese de ser selecionada/escolhida como unidade de amostra para a amostra.

Mas este método não é adequado para o recenseamento de animais selvagens pelas seguintes razões

a. Os animais selvagens não estão distribuídos aleatoriamente na natureza.

b. Na zona de recenseamento, todos os blocos, compartimentos ou unidades não são idênticos devido à distribuição desigual de muitos factores, como poços de água, alimentos, abrigos ou coberturas, estradas, mosaico de habitats, microclimas, efeito de borda, justaposição, etc. Assim, os animais não se distribuem uniformemente por toda a área e, consequentemente, variam nas diferentes unidades de amostragem. Por conseguinte, o recenseamento adotado pelo método de amostragem aleatória não será exato e atualizado.

(ii) Amostragem de probabilidades:

Este método pode ser aplicado nos casos em que se conhece a possibilidade de inclusão ou não inclusão de cada indivíduo na amostra. A amostragem é feita exatamente nesta base. Por conseguinte, é evidente que este método não é adequado para o recenseamento da fauna bravia. Trata-se de uma amostragem não aleatória.

(iii) Amostragem sistemática:

Trata-se de um tipo de amostragem não aleatória. Neste método, as unidades de amostragem são seleccionadas de acordo com um padrão previamente planeado e, geralmente, os modelos das unidades baseiam-se num intervalo regular. As unidades de amostragem podem ter a

forma de uma parte do terreno ou de um transecto (patti) de uma certa largura fixa.
Por exemplo, se a área for dividida em transectos de 20 m de largura e cada transecto de 10th for enumerado, trata-se de uma amostragem sistemática. O recenseamento aéreo por avião nas grandes áreas é também um tipo de amostragem sistemática.
Mas neste método, há a possibilidade de certas unidades de amostragem serem muito ricas em população devido à zona ribeirinha, etc., ou muito pobres devido à secura, etc. Nestes casos, o cálculo da população não será correto. Por conseguinte, este método não é adequado para o recenseamento da vida selvagem.

(iv) Amostragem em dois estágios:

Neste método, são seleccionadas algumas unidades de amostra de toda a área e, em seguida, são seleccionadas novamente algumas unidades de amostra e, em seguida, são seleccionadas novamente algumas unidades de amostra. Uma vez que, neste método, as unidades de amostra são seleccionadas duas vezes, é designado por método de amostragem em duas fases. Mas este método também não é adequado para o recenseamento da fauna bravia.

(v) Amostragem estratificada:

É o método de amostragem em que toda a área, em primeiro lugar, é dividida em diferentes estratos diferentes e, em seguida, as unidades de amostra são escolhidas aleatoriamente nesses diferentes estratos, de acordo com a proporção de cada área de estrato. Por conseguinte, é designado por amostragem estratificada ou amostragem aleatória estratificada.
Uma vez que, neste método, a área é dividida em diferentes estratos de acordo com o estatuto do animal e, em seguida, são seleccionadas unidades de amostra de cada tipo de estrato de acordo com a área, o resultado do recenseamento para toda a área será mais preciso e exato.
Do ponto de vista do recenseamento da fauna bravia, este é o melhor método entre todos os métodos de amostragem, porque na natureza a dispersão/distribuição dos animais selvagens é diferente devido a diferentes factores e, subsequentemente, o seu número varia significativamente de local para local ou de área para área. Por conseguinte, entre todos os métodos de amostragem, o "método de amostragem estratificada" é o melhor para o recenseamento da fauna selvagem.

Neste método, são adaptadas as seguintes metodologias:

1. Toda a área está dividida em diferentes estratos com base na diversidade.
2. De cada estrato, é selecionada aleatoriamente uma amostra.

A área da amostra deve ter uma dimensão óptima para obter resultados mais precisos. A amostra de pequena dimensão também aumentará o número de unidades de amostragem, o que ajudará a obter um resultado preciso e exato. A dimensão da amostra deve ser, no mínimo, 0,1 (10% de percentagem de amostragem) e, no máximo, 0,25 (25% de percentagem de amostragem) da área.

3. A média da população é estimada estatisticamente.

O método de contagem estratificada ou de contagem por amostragem é dos dois tipos seguintes:

(a) Método de contagem por blocos ou de contagem por blocos estratificada:

Neste método, são seguidos os seguintes passos:

(i) Em primeiro lugar, toda a área é dividida em diferentes pequenas partes com base na natureza do habitat e na densidade das espécies animais. Um compartimento pode ser tratado como uma divisão (parte), mas se a densidade dos animais diferir no seu interior, o compartimento deve ser dividido em partes, consoante as necessidades. O mapa da zona, juntamente com as partes (divisões), é traçado.

(ii) Agora, cada parte é demarcada de acordo com o seu estrato. A atribuição do estrato é efectuada com base na densidade da floresta, nas espécies dominantes, etc. Por exemplo, floresta densa, floresta aberta, área de pastagem, etc. podem ser diferentes tipos de estratos.

(iii) Agora, a área total de cada estrato é obtida pela soma das áreas das partes/compartimentos/divisões de cada estrato.

(iv) Posteriormente, de cada estrato, são seleccionados aleatoriamente alguns compartimentos/partes/divisões representativos como parcelas/unidades de amostragem que consistem em 10% da área total do estrato (ou, conforme escolha pré-planeada).

(v) Agora, o recenseamento é efectuado nestas unidades de amostragem através do método de contagem direta.

(vi) De seguida, obtém-se a densidade em cada parcela de amostragem para cada espécie (dividindo o número obtido de espécies na parcela de amostragem pela área da parcela). Desta forma, obtém-se a densidade em cada parcela para cada tipo de espécie e, em seguida, calcula-se a densidade média de cada espécie em cada estrato.

Agora, para cada estrato, a população (número) de cada espécie é obtida multiplicando a área total do estrato pela densidade média da espécie e, em seguida, é encontrado o limite de confiança de 95%.

(vii) Todos os dados são anotados no quadro (Proforma) para os diferentes tipos de espécies.

Por exemplo:

Suponhamos que existem três estratos na área de recenseamento, como A, B e C, com base na floresta densa, na floresta aberta e na área de pastagem, respetivamente.

Se a área total do recenseamento = 600 km^2

Área do estrato A = 200 km^2

Área do estrato B = 200 km^2

Área do estrato C = 200 km^2

Tamanho da amostra = 10%

. 2

(viii) Área da amostra em cada estrato = 20km

(ix) Área do total de amostras nos três estratos = 60 km 2^2

(x) Se Área de cada parcela de amostragem em cada estrato = 2km

(xi) Número de parcelas de amostragem em cada estrato = 10

(xii) Número total de parcelas de amostragem nos três estratos = 30

Assim, serão escolhidas aleatoriamente dez parcelas de amostragem de cada estrato e o censo será efectuado nessas parcelas de amostragem através do método de contagem direta para diferentes tipos de espécies, que são anotadas no quadro.

Suponhamos que se pretende calcular o número de quelíceras; para o efeito, a densidade média do gráfico em cada estrato (a partir de 10 parcelas de amostragem em cada estrato, neste exemplo) é calculada como 10,04, 6,93 e 4,33 nos estratos A, B e C e o limite de confiança como ± 0,84, ± 0,66 e ± 0,78, respetivamente (Quadro-1).

Por conseguinte, a população de cheetal será a seguinte

Stratum A $\rightarrow$ **(10.04 ± 0.84) × 200 = 2008 ± 168**

Stratum B $\rightarrow$ **(6.93 ± 0.66) × 200 = 1386 ± 132**

Stratum C $\rightarrow$ **(4.33 ± 0.78) × 200 = 866 ± 156**

Total = 4260 ± 456

.'. População total de cheetal na área total = 4716 ou 3804

Isto significa que a população de quelíceras nessa zona, numa situação de 95%, será de 4716 ou 3801. No exemplo, o tamanho da amostra é de 10% e, se for de 20%, a precisão e a exatidão serão maiores porque, neste caso, o número de parcelas de amostragem será maior e, consequentemente, o limite de confiança será menor.

A população também pode ser calculada estatisticamente, o que será mais exato e fiável da seguinte forma

Figure 3.3

A Model for the Development of a Transport Network in a Developing Country

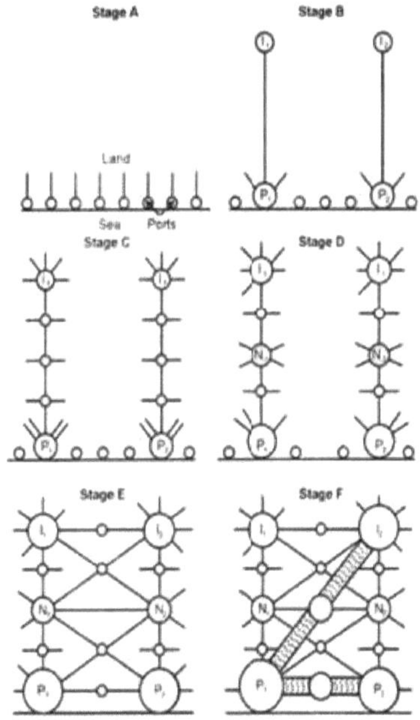

A – Incipient lines penetrate inland from coastal ports
B – Lines penetrate deeply
C – Feeder Lines begin to develop
D – Beginning of interconnections
E – Stage of complete interconnections
F – Emergence of high priority 'Main Streets'

Figure 3.2

Basic Sequence of Network Development and Settlement Growth According to Lachene Taaffe, Morrill and Gould (TMG) Model (1963)

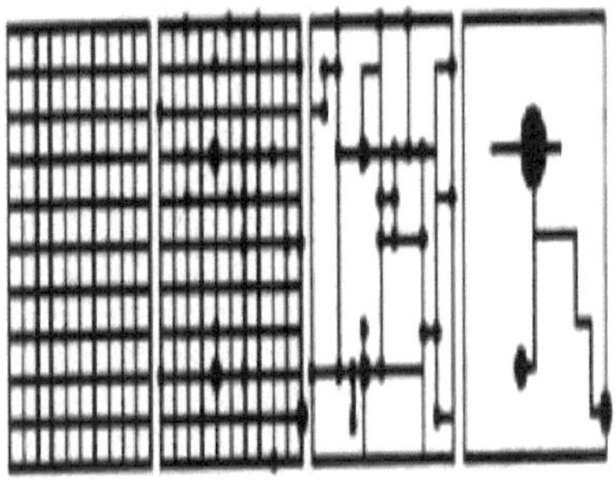

O valor de "t" depende do grau de liberdade, ou seja, (n-1). O seu valor pode ser observado no gráfico. Quando o grau de liberdade (n-1) < 12 mas > 1, o valor de "t" situa-se entre 2,20 e 4,30 e quando (n-1)> 12 mas < 50, o valor de "t" situa-se entre 2,20 e 2,10. Por conseguinte, o valor de "t" pode ser considerado como 2,10 para mais de 10 observações. Aqui, o valor de "t" foi colocado como 3,0 por conveniência, pois no exemplo (n-1) é igual a 9 e o valor será o mesmo em todos os três estratos, porque em todos (n-1) = 9.

(b) Método de contagem por transectos ou método de contagem estratificada por transectos:

Pode ser dividido nos dois métodos seguintes:

(1) Método de contagem de estradas:

Trata-se também de um tipo de método de amostragem. Este método é geralmente utilizado para determinar a tendência de crescimento do número de populações, uma vez que é muito fácil e cómodo aceder à tendência de abundância ou comparar o número de espécies contadas em épocas diferentes na mesma área e na mesma situação ecológica. Se for utilizado um veículo neste método, este é designado por **"método de transecto baseado no transporte"**.

Neste método, opta-se por uma amostragem por transectos. Para o efeito, tratando qualquer compartimento ou bloco como amostra, a área de parcelas (transecto) em ambos os lados de qualquer estrada florestal (dentro da área de recenseamento) é escolhida como amostra de transecto.

Essa seleção deve ser feita de forma a:

1. As estradas florestais seleccionadas representam verdadeiramente todas as zonas representativas.
2. O comprimento da estrada florestal está na proporção da área representativa.
3. A condição ecológica das margens da estrada florestal é semelhante à da área através da qual ela passa.
4. A visibilidade de todos os animais disponíveis é semelhante no transecto.
5. A visibilidade de todos os animais até à distância normal é semelhante no transecto.

A população das espécies na área de recenseamento é calculada multiplicando a densidade pela área total.

Para cumprir os objectivos acima referidos, em toda a área de recenseamento, devem ser construídas tantas estradas florestais como uma rede que passe por todos os tipos de habitats e estratos. Estas estradas não devem ser escolhidas em locais onde os veículos circulam frequentemente, porque a poeira depositada na flora em ambos os lados da estrada minimiza a densidade da população animal, que é maior no lado interior da estrada.

Além disso, o efeito de borda e os cortes para linhas de fogo também minimizam a densidade populacional e, portanto, diferentes tipos de estradas florestais como amostras devem ser escolhidos para diferentes tipos de estratos. O momento do censo também deve ser considerado quando as espécies-chave estão maximamente activas, por exemplo, é apropriado para veados e antílopes entre as 6 e as 9 da manhã e entre as 5 e as 7 da tarde.

A velocidade do veículo não deve ser superior a 15-20 km/h. Relativamente à visibilidade, esta é difícil e não é uniforme na floresta densa em comparação com a floresta aberta e os prados. A visibilidade da natureza no interior da floresta também não é uniforme, mesmo depois de se ter feito transectos de diferentes larguras em diferentes tipos de florestas. Por conseguinte, estas possibilidades devem ser consideradas e ponderadas aquando da fixação da largura do transecto.

É de dois tipos:

(a) Transecto de largura fixa:

Quando a largura do transecto (patty) em ambos os lados da estrada já foi fixada, é chamada de Transecto de Largura Fixa. Uma vez que na floresta, o avistamento de um lugar para outro muda devido a muitas razões, este método de largura do transecto não é adequado.

(b) Transectos de largura aberta:

Neste método, os animais são contados em ambos os lados da estrada florestal (transecto) até à distância de visibilidade (distância de observação) e a sua distância angular (distância radial/distância angular de observação) em relação ao enumerador também é anotada. Esta distância angular do animal em relação ao enumerador é convertida em distância perpendicular.

Com base na média de, pelo menos, essas 50 observações, é determinada a distância óptima para cada espécie (a partir da qual a distância de observação começa a diminuir). A distância óptima dessa espécie será a distância perpendicular média de observação.

No momento da contagem, os animais serão contados apenas dentro desta distância (distância perpendicular média de avistamento) no transecto e os outros para além desta distância serão deixados de fora. O cálculo da população de uma determinada espécie será efectuado com base no seu número encontrado dentro desta distância perpendicular. Por conseguinte, este método é designado por Transecto de Largura Aberta/Transecto de Largura Indefinida e é adequado para o recenseamento da vida selvagem na floresta.

Assim, com base no que precede, conta-se o número de espécies em cada amostra (transecto) e calcula-se a densidade média; multiplicando-a pela área total do recenseamento, obtém-se a população total de uma determinada espécie. A bússola pode ser utilizada para a leitura angular e o binóculo pode ser utilizado para observar os animais.

$$= \frac{3.14 \times 3500}{20} = 549.5$$

Onde N = Número de espécies particulares observadas no transecto.

L = Comprimento do transecto em km.

2 = Multiplicador para as larguras de ambos os lados do transecto.

r = Distância angular média de observação em km.

A distância angular e a distância perpendicular dependem da topografia da área, mas o máximo de animais é visto num ângulo de 30° ou 60° e a média de ambos os ângulos é de cerca de 1,6.

∴ r = 1,6 × (em que X = distância perpendicular média)

Depois de encontrar a densidade média, a população total de uma determinada espécie é obtida multiplicando a densidade pela área total de recenseamento.

(11) Método King e Método King Greed:

Este é também um tipo de método de amostragem no âmbito do método de contagem direta, no qual a população é estimada supondo o transecto como base. Este método é simples, exato e pode ser alterado em função das espécies, da topografia do terreno e das necessidades locais. Este método é muito útil nos casos em que não há estradas e o recenseamento tem de ser efectuado a pé.

Neste método, o número de animais é calculado por unidade de área do total das amostras do transecto com base nos animais observados à distância angular de observação, calculando "r" em cada transecto - amostra, de acordo com os procedimentos e a fórmula descritos no método de contagem rodoviária. A estimativa da população total é então também calculada de acordo com a fórmula descrita no método de contagem rodoviária. A distância radial é registada com a ajuda da leitura da bússola. Podem também ser utilizados binóculos para observar os animais. O comprimento de um transecto não deve ser superior a 10 kms. Se o enumerador passar a pé, a distância é medida pelo seu ritmo (geralmente a distância média de um ritmo é igual a 0,8 m).

No Greed Method, toda a área é dividida por linhas de greed paralelas a intervalos fixos (geralmente a intervalos de 20 ou 40 m). Cada greed é tratado como uma parcela de amostragem. Os enumeradores contam os animais que se deslocam ao longo destas linhas com a ajuda de uma bússola ou de árvores pontiagudas, já marcadas para o efeito ao longo das linhas.

Depois calcula-se o número total de animais. Este método é mais útil para a contagem de aves, mas não é adequado em zonas onde os animais são raramente encontrados, onde os alimentos preferidos dos animais se encontram apenas em determinados locais e onde existem variações de altitude na vegetação.

2. Método de contagem indireta ou de índice para estimar o recenseamento da fauna selvagem:

Foi dividida nos seguintes tipos:

(a) Contagem de marcas de pug/Método de pista e trilhos/Método de pista:

Como fenómeno natural, a marca de pug de cada indivíduo de uma espécie é diferente da dos outros indivíduos em certos aspectos. Isto significa que todos os indivíduos de uma espécie podem ser reconhecidos com base na sua marca de pug e, por conseguinte, podem ser contados numa determinada área.

As marcas de pug de alguns animais, como o tigre, o leão, o leopardo, etc., são tão específicas e características que podem ser contadas com exatidão com base nas suas marcas de pug. Não só isso, mas as suas marcas de pug também apresentam certas diferenças morfológicas no que respeita aos machos, às fêmeas e às crias; por conseguinte, são enumeradas como tal.

Assim, com base na desfiguração morfológica da pegada, os indivíduos podem ser contados. A leitura de sinais ou pegadas de animais é essencial na gestão da vida selvagem porque a leitura correcta dos sinais é necessária para a interpretação correcta das provas. Em geral, é comum que os animais deixem sinais ou a sua passagem como pegadas na areia, lama ou neve; a queda de excrementos ou fezes; a regurgitação ou comida indigesta por aves sob a forma de pelotas; os rastos deixados por animais de grande porte na erva ou na selva; os rastos de sangue deixados por animais feridos; os sinais de mordidelas de erva e folhas; a fricção da casca de árvores pelos chifres dos veados para remover o veludo, etc.

Nicolson aplicou este método pela primeira vez em 1934, em Palamau (Estado de Jharkhand); posteriormente, Dharm Kumar Singh e Sankhala, em 1967, introduziram algumas modificações neste método, mas Sarofraj Choudhary, em 1971, modificou-o de forma valiosa e inventou um instrumento simples como o -Tiger - tracer". H.S. Pawar (1980) estudou profundamente este método e popularizou-o. Assim, este método foi inventado e desenvolvido na própria Índia.

As marcas de patas ou pegadas de muitos animais maiores são enumeradas através da compreensão das suas características, tais como:

(i) A pegada de um carnívoro macho, como o leão ou o tigre, pode ser distinguida da pegada da fêmea pelas impressões mais arredondadas das almofadas individuais do macho e pelas impressões mais em forma de pera ou pontiagudas da fêmea.

No caso do tigre, geralmente traça-se a pegada da pata traseira esquerda (se não estiver disponível, traça-se a pegada da pata traseira direita), porque as patas dianteiras são idênticas (quadradas) tanto nos machos como nas fêmeas, uma vez que são utilizadas para atacar a presa e, por conseguinte, não podem ser diferenciadas. Em contrapartida, a pegada posterior de ambos os sexos é de tipo diferente: no macho, o quadrilátero em ângulo reto formado pelas linhas traçadas para o exterior da pegada tem forma quadrada, enquanto na fêmea é retangular.

Quando o tigre se move normalmente, as patas traseiras são colocadas sobre as patas dianteiras. Dado que a pegada das patas dianteiras é comparativamente maior, o traçado (na placa de traçado) da pegada das patas traseiras no interior da pegada das patas dianteiras deve ser efectuado com cuidado.

Mas quando o tigre está em movimento ou em condição de corrida, as patas traseiras são colocadas um pouco à frente das patas dianteiras e, nesta situação, as pegadas das patas traseiras e dianteiras são separadas; e, nestas condições, o traçado deve ser efectuado após observação cuidadosa. O traçado deve ser repetido cinco vezes para ser exato.

O comprimento da passada (do ápice do dedo médio esquerdo anterior ao ápice do dedo médio esquerdo posterior) também deve ser anotado, repetindo cinco vezes. Embora o tigre se mova solitariamente, na altura do namoro há muitas pegadas juntamente com a tigresa e as crias; nestas condições, o traçado das pegadas deve ser feito separadamente (tigre, tigresa e crias), observando cuidadosamente. Além disso, o molde de gesso com gesso de Paris também deve ser preparado e guardado para mais informações e investigações posteriores.

Antes de iniciar o trabalho, a área deve ser dividida em diferentes zonas/unidades, de acordo com as conveniências. O local onde as pegadas devem ser seguidas deve ser limpo um dia antes, ao fim da tarde/noite, para evitar pegadas anteriores.

Esses locais devem ser escolhidos onde há possibilidade de deixar rastos (sinais) claros de pegadas, como a parte lamacenta perto de poços de água, solo arenoso, formigueiros, locais húmidos, etc. Se for necessário, pode espalhar-se pó ou areia pelo trilho ou alisar o caminho com areia, para que o animal seja obrigado a deixar marcas de pegadas.

Para evitar o erro de paralaxe, a impressão digital dos pés deve ser traçada no papel de decalque com a ajuda de uma placa de decalque, paralelamente à impressão digital dos pés. Uma vez que o quinto dedo está elevado do chão, as impressões de apenas quatro dedos permanecem no chão.

(ii) As pegadas do macho, da fêmea e da cria do leão podem ser diferenciadas por critérios como:

(a) Se a diferença entre o comprimento e a largura da pegada for inferior a 1", trata-se de um macho; se for superior a 1", trata-se de uma fêmea.

(b) Se o comprimento da pegada for superior a 5", trata-se de um macho; se o comprimento for de 4 ½" - 5", trata-se de uma fêmea.

(c) Se a medida da almofada for superior a 3 ½ ", então é do sexo masculino; e se for inferior a 3 ½ " e aproximadamente 3 ¼ ", então é do sexo feminino.

(iii) A marca de pug de uma cria de tigre distingue-se da de uma pantera pelo tamanho proporcionalmente maior das impressões individuais dos dedos dos pés da primeira.

A pantera também se encontra na área do tigre e a sua pegada é semelhante à de uma cria de tigre. Mas é preciso lembrar que a pegada de uma pantera adulta não é maior do que a pegada de uma cria de tigre com seis meses de idade, que fica sempre com a mãe até essa idade. Assim, se não existirem pegadas tão pequenas juntamente com as pegadas da tigresa, então essas pegadas pequenas pertencem à pantera.

(iv) O trato de uma hiena pode ser diferenciado do de uma pantera pelas impressões maiores das almofadas dos dedos dos pés e pelas impressões das unhas dos dedos dos pés da hiena.

(v) A diferença entre as pegadas de um porco e de um veado pode ser reconhecida pelas depressões deixadas pelos dois dedos rudimentares na parte de trás do casco fendido, no caso do porco.

(vi) O rasto da lontra mostra as teias entre os quatro dedos dos pés.

(vii)O rasto do mangusto distingue-se do rasto do gato-maracajá pelas marcas das garras do primeiro.

(viii) O rasto da galinha-do-mato é semelhante ao da galinha-d'angola, mas é mais pequeno, com o dedo do pé traseiro num ângulo para trás.

(ix) A serpente não venenosa tem velocidade para capturar a sua presa e, por isso, o seu rasto é comparativamente mais retilíneo do que o da serpente venenosa.

(x) A passagem de um porco-espinho pode geralmente ser reconhecida pelas linhas finas feitas pelos espinhos que caem do animal quando este os arrasta pelo chão.

(xi) O número de animais de uma manada de veados-malhados (cheetal) pode ser estimado, grosso modo, contando o número de pegadas entre duas linhas paralelas traçadas a 30" de distância, em ângulo reto em relação à direção das pegadas, e dividindo o número por dois (pois a distância entre os cascos traseiros e dianteiros de um cheetal tem geralmente um tamanho médio de 30").

(xii)A impressão da pata traseira de um elefante com presa é em forma de pera, enquanto a de um macho makhna (sem presa) é mais arredondada.

Distinguir os vários sons dos animais é também pelo seu significado e importância particulares; por exemplo:

1. O som da tosse grunhida denota um tigre a atacar.
2. O uivo felino é o de um tigre moribundo.
3. O som musical agudo nota um tigre a chamar a sua companheira.
4. O som alto e sibilante é o símbolo de um tigre zangado ou assustado.
5. O sambar alto como -keek" é para um tigre de caça.
6. **No elefante (com base na experiência no terreno), verifica-se que:**

(i) Se o pavilhão auricular se mover para a frente e para trás, a tromba e a cauda estiverem na posição normal, o elefante está com um humor normal.

(ii) Se o pavilhão auricular estiver estático, a cauda torcida e em movimento, a tromba torcida e em movimento para cima e para baixo, o elefante está assustado.

(b) Contagem de poeira/peletes:

O método de contagem de excrementos é, de facto, útil para conhecer a disponibilidade, indisponibilidade ou abundância de animais selvagens num determinado habitat, especialmente de espécies de mamíferos. A contagem de pellets, excrementos e outros materiais fecais para a sua enumeração foi efectuada para um certo número de espécies como o veado e outros grandes ungulados, coelhos, pequenos mamíferos e, em certos casos, aves. Mas o método de contagem de excrementos mais difundido é o dos veados.

Nos Estados Unidos, este método é aplicado há muitos anos na contagem de veados e coelhos, etc. Embora em países tropicais, como a Índia, este método não seja muito útil, porque os granulados são rapidamente destruídos por besouros, decompositores ou chuvas; no entanto, no inverno, este método fornece alguns dados valiosos para comparar e contar a população.

Neste método, para contar o número de uma determinada espécie, a densidade da espécie em causa é determinada com base nos grupos de pellets defecados e, em seguida, esta densidade é multiplicada pela área total para estimar a população total. Para o efeito, em primeiro lugar, determina-se o número de grupos de pellets defecados num dia (24 horas) por um indivíduo de uma determinada espécie, o que é considerado como a "taxa padrão de defecação" ou "taxa padrão de defecação".

Em seguida, numa área unitária, calcula-se o número de grupos de pellets descarregados pelos indivíduos de uma determinada espécie num determinado período (geralmente num mês, ou seja, 30 dias) e, dividindo este número pela taxa de defecação padrão, calcula-se a densidade da população e, subsequentemente, estima-se a população total (multiplicando a densidade pela área total).

O erro-padrão (S.E.) e o limite de confiança também podem ser calculados a partir dos dados para obter maior exatidão no resultado, conforme indicado no Quadro-1. Neste processo, é aplicado o Método de Amostragem Estratificada; e geralmente em cada estrato são feitas 10 linhas de transecto com uma separação de 200 metros e em cada linha são escolhidas 5 parcelas de amostragem (cada uma com 30 m x 2 m de tamanho) em intervalos de 50 m.

Em cada transecto (em 5 parcelas de amostragem), anota-se o número de grupos de pellets da espécie e, em seguida, calcula-se o valor médio para todos os 10 transectos (50 parcelas de amostragem), dividindo o número total por 10, que será o número médio de grupos de pellets por transecto (numa área de 30m x 2m x 5 = 300 m2) desse estrato. Além disso, estima-se a densidade e o número total de animais (espécies) na área total. Para maior exatidão, o erro padrão (E.P.) e o limite de confiança também podem ser incluídos no cálculo.

Este método tem alguns pressupostos, tais como

(1) Os grupos de pellets de diferentes espécies são diferentes, por exemplo, existem diferenças nas estruturas dos grupos de pellets de cheetal, sambar, corço preto, veado-campeiro, chausingha, etc. No entanto, os pellets do cheetal adulto e do sambar jovem, do veado-campeiro e do chausingha são quase idênticos, sendo necessário um conhecimento especializado para os distinguir.

Os grupos de excrementos podem ser contados separadamente. No entanto, algumas espécies, como o nilgai, defecam no mesmo local durante vários dias e, nesses casos, os excrementos podem ser contados em dias diferentes, com base na cor e no número de excrementos novos e velhos.

Este método tem também alguns inconvenientes, nomeadamente

1. Os grupos de pellets são destruídos nalgumas estações do ano, especialmente com chuva, etc.
2. Os grupos de pellets são destruídos pelo ataque de insectos como os besouros, os decompositores, etc.
3. A natureza dos alimentos e a idade do animal afectam o número de grupos de granulados por dia e por animal.

Exemplo 1:

Se, em 50 parcelas de amostragem, cada uma com 0,006 ha (30 mt x 2 mt = 60 mt^2), o número de grupos de veados em peletes foi encontrado 135 em 30 dias, então o número de veados em cada km2. (por km2) (supondo que um veado num dia faz 15 grupos de pellets).

Número de grupos de pellets de 1 veado em 1 dia = 15 (Taxa de defecação)

Área total de 50 parcelas de amostragem = 0,006 x 50 ha

.'. Número de animais por hectare = Número de grupos de paletes criados num hectare durante um período determinado/Número de grupos de paletes criados por um animal durante um período determinado.

= 0,3 ha

Número de grupos de pellets em 30 dias em =135

0,3 ha de área de 50 parcelas de amostragem

.'. Número de grupos de peletes por ha = 450

1 veado em 1 dia faz 15 grupos de pellets

.'. 1 veado em 30 dias produz 450 grupos de pellets

.'. Número de veados em 1 ha = 450/450 = 1

.'. Número de veados por km2 = 1 x 100 = 100

Exemplo 2:

Num determinado estrato da zona de recenseamento, foram feitos 10 transectos (linhas de transectos) com 5 parcelas de amostragem em cada linha de 30 m x 2 m. Se o número total de grupos de pellets de cheetal em todos os 10 transectos for 78 no período de um mês (30 dias) e a taxa de defecação de cheetal em 24 horas for 15, então a densidade de cheetal nesse estrato será a seguinte

Número total de grupos de pellets em 30 dias = 78

.'. Número médio de grupos de peletes em 30 dias = 78/10 = 7,8

Área das parcelas de amostragem (5) de um transecto = 30 × 2 × 5 m2 = 300 m2

.'. Número de grupos de pellets em 1 m2 em 30 dias = 7,8/300

.'. Número de grupos de pellets em 1 km2 em 30 dias = 7,8 × 1000 × 1000/300 = 26000.

ou, [Número médio de grupos de pellets em 30 dias = 78/50 = 1,56 numa parcela de amostragem (30 x 2 m2)].

.'. Número de grupos de pellets em 1 m2 = 1,56/60 em 30 dias

.'. Número de grupos de pellets em 1 km2 em 30 dias = 1,56 × 1000 × 1000/60 = 26000

.'. Número de grupos de pellets por km2 num dia = 26000/30

Em 1 dia (24 horas), 1 Cheetal descarrega 15 grupos de pellets (taxa de defecação)

.'. Número de quetais por km2 = 26000/30 × 15 = 57,77

(Densidade de cheetal num determinado estrato)

.'. Densidade do chetal por km2 = 57,77

Do mesmo modo, a densidade de outros estratos pode ser determinada e a densidade média pode ser calculada e, finalmente, multiplicando-a pela área total do censo, o número total das espécies pode ser estimado. Para maior exatidão do resultado, o erro padrão (E.P.) e o limite de confiança também podem ser computados no cálculo.

(c) Método de contagem de registos de caça:

Este método é, na verdade, aplicável nos países onde não existe proibição da caça e onde existe controlo e registo da caça. Uma vez que, na Índia, a caça de animais selvagens é proibida, este método não é aplicável.

Inicialmente, Lincoln (1930) aplicou este método às aves aquáticas e é considerado um feito importante no domínio do recenseamento para estimar a população das espécies, especialmente no caso das aves. É por isso que também é designado por "método de recenseamento do índice de Lincoln" ou "método de marcação ou etiquetagem".

Baseia-se na marcação de aves ou animais e, posteriormente, na contagem dos indivíduos marcados capturados ou mortos durante a caça.

É expressa pela fórmula:

Lincoln observou que o número de aves marcadas ou proibidas mortas anualmente correspondia a uma determinada percentagem das aves marcadas ou proibidas anualmente durante um determinado período de anos. Assim, se 10% dos animais marcados forem mortos/apanhados, a população total deverá ser aproximadamente 10 vezes superior ao número total de animais mortos/apanhados pelos caçadores.

Este método está sujeito a muitas possibilidades de erro, uma das quais se deve à dificuldade de misturar ou distribuir corretamente os animais marcados.

Por conseguinte, existem certos pressupostos para utilizar esta fórmula, tais como

i. Que a mortalidade é a mesma tanto para os animais marcados como para os não marcados.

ii. Que os indivíduos marcados não percam as suas marcas.

iii. Que os indivíduos marcados são capturados/mortos ao mesmo ritmo que os não marcados.

iv. Que todas as marcas sejam reconhecidas e devolvidas aos investigadores.

v. Que a necessidade é insignificante durante a operação.

(d) Contagem de índices de chamadas/contagem de tendências/contagem de auditores:

Este método não indica a densidade do animal, mas denota a tendência da densidade/abundância das espécies selvagens numa determinada área. O som do animal selvagem relacionado com o seu cortejo, perigo, etc. indica a sua presença na área do habitat, mas a ausência do som não significa a sua ausência efectiva nessa área, porque o som/chamamento de uma determinada espécie varia de acordo com o tempo e a estação.

No entanto, neste método, o som do animal é utilizado como instrumento/indicador e torna-se a base da sua contagem ou abundância e, na realidade, este método é útil para estimar a abundância de um determinado animal num determinado habitat.

Uma vez que, na época de acasalamento, o macho chama o seu sexo oposto, o que varia e minimiza consoante a época e a estação do ano, e que as fêmeas e os juvenis geralmente não emitem tais chamamentos, não é possível efetuar a contagem. Mesmo assim, este método pode ser útil para a estimativa de populações especiais, bem como em estudos comparativos e não para uma base temporal.

Geralmente, a estimativa da população através deste método é efectuada para as aves como a codorniz, a perdiz, os faisões, a galinha da selva, as saras, o papagaio, o cuco, o calau, etc.

Este método não é útil para os mamíferos.

O método de contagem é adotado como no método de transecto de amostragem estratificada e o chamamento da ave é auditado e anotado na linha de base pela equipa de observadores, sendo depois determinada a distância perpendicular e, por fim, a densidade é calculada pela fórmula.

3. Contagem diversa para estimar o censo da vida selvagem:

Existem alguns métodos de contagem que não podem ser incluídos no método de contagem direta ou indireta e que, por isso, são designados por métodos de contagem diversos, entre os quais se destacam os seguintes

(a) Contagem de charcos:

Este método é uma mistura de métodos indirectos (índice) e directos porque aqui os charcos são usados como índice enquanto os animais são contados individualmente de forma direta. Atualmente, este método é utilizado para determinar a abundância ou a tendência da abundância, mas também é utilizado para estimar a população.

Este método é mais útil no verão, porque nesta estação há um número mínimo de charcos, o que facilita a contagem dos indivíduos em menos tempo.

Sabemos que o animal visita o charco para beber pelo menos uma vez por dia. Neste método, privilegia-se este hábito do animal. Assim, se a frequência das visitas ao charco for conhecida para uma espécie chave, o número de habitantes dessa espécie poderá ser estimado dividindo o número total de indivíduos contados em diferentes charcos pela frequência.

Para o efeito, todos os charcos da área total são estudados durante a estação estival. A tocaia é formada em cada charco e a equipa de recenseadores aproxima-se do local em noite de lua cheia, antes do pôr do sol. Cada equipa conta e anota o número de indivíduos entre as 18h00 e as 6h00 da manhã e, se possível, o seu sexo e idade são também mencionados. Por fim, o número de indivíduos (população total) da espécie pode ser determinado através da compilação dos dados de todos os charcos.

Este método assenta em determinados pressupostos, que são essencialmente os seguintes

1. Que cada indivíduo se aproxime do charco para beber durante o período de contagem.
2. Que existe uma relação direta entre a população total da espécie e os indivíduos que são observados em determinados intervalos em cada charco.
3. Que, em cada charco, a equipa de enumeradores esteja presente e possa contá-los.
4. Que a frequência de consumo de água seja conhecida para as espécies-chave (significa quantas vezes um indivíduo de uma espécie visita o charco num período de 24 horas).

(b) Contagem baseada em rácios:

Neste método, o número conhecido de indivíduos é misturado com o número desconhecido da população de espécies (a população que deve ser contada); e depois, através do método de amostragem, o número de indivíduos conhecidos e desconhecidos é contado numa amostra.

Deve ter-se o cuidado de misturar os animais com a população desconhecida, de modo a que o avistamento seja idêntico ao da população desconhecida.

A população total das espécies-chave é estimada através da seguinte fórmula

(1) Existe um método em que os animais domésticos são misturados na população desconhecida da espécie-chave e, em seguida, os números de indivíduos domésticos e selvagens são contados em pelo menos 10% da área total de recenseamento como amostra.

A população total pode ser enumerada pela fórmula

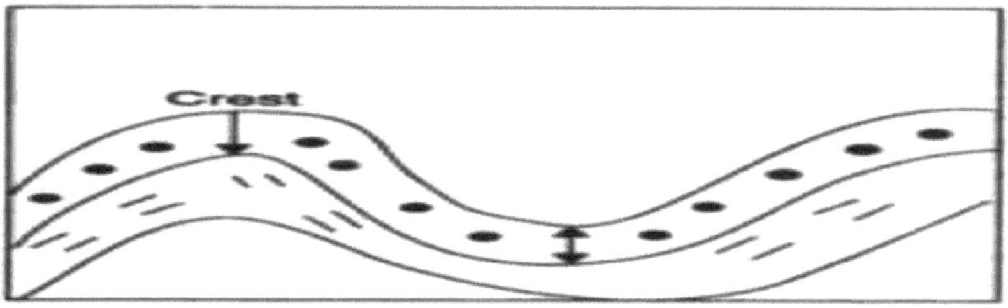

(ii) Há outro método em que alguns indivíduos da própria espécie-chave são marcados e deixados para se misturarem; depois, na amostra, contam-se os marcados e os não marcados.

A população total é determinada pela fórmula:

Este método é o mais adequado para mamíferos de pequeno porte.

Para contar os animais de grande porte através deste método, procura-se a marcação nos indivíduos dessa mesma espécie e conta-se a população total. Deste modo, o método é designado por **"Método de avistamento e reavistamento"**.

(c) Método Kill-Evidence:

O método de abate do predador pode indicar a tendência da sua presença e abundância.

Por exemplo:

(i) O tigre mata a sua presa com os dentes no pescoço (pensa-se geralmente que o tigre mata dando um golpe no pescoço, o que é incorreto; o tigre mata com os dentes).

(ii) O tigre começa a alimentar-se a partir das ancas e não rebenta a barriga ou o estômago, e muitas vezes desloca a sua presa para uma certa distância.

(iii) O leopardo mata mordendo a garganta.

(iv) O leopardo, que é chamado de comedor sujo, começa a sua refeição no ânus do animal morto.

A forma de ocultar as mortes pelos diferentes predadores também é importante, como por exemplo

a. O tigre esconde por vezes a sua presa com folhas.
b. O leopardo pode levar a presa até à bifurcação da árvore.

Nas condições indianas, qualquer método de recenseamento exaustivo e dispendioso não é suscetível de ser aceite, porque aqui a gestão da vida selvagem como cultura comercial está subordinada à tarefa de conservar os remanescentes e controlar os seus elementos nocivos.

No entanto, a ideia e a tendência do recenseamento de espécies importantes são as seguintes:

(i) Os animais carnívoros de maiores dimensões, como o leão, o tigre e o leopardo, podem ser contados através do método de rastreio, que pode ser combinado com o método de isco e contagem. Os leões, em especial, podem ser contados sobre as matanças ou iscos, pois têm o hábito de se reunir nas matanças.

(ii) Animais como o cheetal, o sambar e o veado-campeiro, que habitam florestas de árvores ligeiras a pesadas, podem ser contados pelo método de condução. No caso do sambar e do veado do pântano, pode também privilegiar-se o seu hábito de rugir na época do cio ou do acasalamento. São gregários e podem ser contados facilmente em campos relvados ou em espaços vazios, de manhã ou ao fim da tarde. Os sexos podem ser estimados através do hábito de os machos se deslocarem em grupos.

(iii) Os ursos podem ser contados nos formigueiros e também pelo método das pegadas e pelo método da contagem direta, ou seja, observando-os quando saem das suas tocas à noite ou quando regressam a elas de manhã.

(iv) Para os animais das florestas mais secas e abertas, como a gazela indiana (chinkara), o antílope indiano (blackbuck), o nilgai, etc., é útil o recenseamento aéreo combinado com contagens no solo. Certas espécies, como a chinkara e o antílope de quatro chifres (chausingha), que são de natureza secundária, podem ser contadas observando as suas arranhadelas ou camas.

(v) Para a cerveja de porco, que vive na erva alta, o método de contagem de tração que utiliza o elefante é útil.

(vi) Para o veado-rato, que habita a selva densa ou as encostas rochosas, são úteis passeios curtos e batidas silenciosas.

(vii)Os porcos selvagens deslocam-se em famílias e podem ser contados à medida que são conduzidos suavemente através de uma linha limpa.

(viii) No caso dos rinocerontes, elefantes, bisontes e búfalos selvagens, que habitam a selva densa, a contagem direta combinada com o método de rastos dá bons resultados. Os rinocerontes reúnem-se perto das plantações em certas alturas do ano e, por isso, podem ser contados em noites de lua cheia ou a partir dos elefantes que cavalgam durante o dia na área adjacente às plantações.

No tempo quente, quando a erva já está queimada, pode ser útil fazer um levantamento aéreo combinado com a contagem no solo. Os elefantes deslocam-se regularmente de acordo com a disponibilidade de forragem e na estação seca nunca estão longe da água, podendo ser contados diretamente. Os bisontes alimentam-se regularmente numa determinada área e podem ser contados facilmente em tais circunstâncias.

Atualmente, nos países desenvolvidos, está em curso a "marcação individual" do animal, a fim de obter os dados mais significativos, a gestão da reprodução, a manutenção de uma diversidade genética suficiente, a gestão comportamental, os programas nacionais e internacionais de reprodução em cooperação, a gestão científica, os cuidados de saúde, etc.

Mas, infelizmente, no nosso país, estes métodos de identificação individual não foram adoptados por serem muito caros e por falta de competências adequadas. Existem vários métodos de marcação individual, tais como a marcação natural, as deformações permanentes, a marcação por corte, a tatuagem, o branding, os corantes e as tintas, os chips/transponders informáticos (é a recente marcação eletrónica que pode ser injectada no animal com uma seringa.

É fácil de inserir, indetetável, útil para identificar até mesmo animais roubados e tem uma vida útil longa. Permanece inativo até ser ativado por um dispositivo de leitura do transmissor ou por um scanner. No entanto, é muito dispendioso e o animal não pode ser identificado à distância, o que poderá ser ultrapassado no futuro com os avanços no domínio da eletrónica).

Uma vez que todos os métodos de marcação têm os seus pontos positivos e negativos, a regra básica é selecionar o método que funciona da melhor forma e que é mais fácil de utilizar para a espécie. Ao identificar o animal individualmente, podemos estudá-lo em pormenor e geri-lo cientificamente, aplicando técnicas de gestão adequadas.

um inquérito sobre a contagem de chamadas

Os biólogos estatais e federais realizam anualmente inquéritos de contagem de chamadas **nos 48 estados do país para monitorizar as populações de pombos-mansos**. A informação resultante sobre o estado e as tendências é utilizada pelos administradores da vida selvagem para definir os regulamentos de caça anuais.

IMPRESSÃO DIGITAL DE ADN E FOTOGRAFIA AÉREA

"A impressão digital do ADN é uma técnica que mostra a composição genética dos seres vivos. É um método para encontrar a diferença entre as regiões satélites de ADN no genoma. "

O que é a recolha de impressões digitais de ADN?

As regiões de ADN satélite são troços de ADN repetitivo que não codificam qualquer proteína específica. Estas sequências não codificantes constituem a maior parte do perfil de ADN dos seres humanos. Apresentam um elevado nível de polimorfismo e constituem a base da impressão digital do ADN. Estes genes apresentam um elevado nível de polimorfismo em todos os tipos de tecidos, pelo que se revelam muito úteis em estudos forenses.

Qualquer amostra de ADN encontrada numa cena de crime pode ser analisada quanto ao nível de polimorfismo nas sequências repetitivas não codificantes. Depois de o perfil de ADN ser traçado, torna-se mais fácil encontrar o criminoso através da recolha de impressões digitais de ADN dos suspeitos.

Para além dos locais de crime, as aplicações de impressões digitais também se revelam úteis para encontrar os pais de um bebé não reclamado, realizando um teste de paternidade numa amostra de ADN do bebé.

Etapas da recolha de impressões digitais de ADN

Alec Jeffreys desenvolveu esta técnica, na qual utilizou ADN satélite, também designado por VNTR (Variable Number of Tandem Repeats), como sonda, uma vez que apresenta um elevado nível de polimorfismo.

Seguem-se as etapas envolvidas na recolha de impressões digitais de ADN:

Isolamento do ADN.

↓

Digestão do ADN com a ajuda de enzimas endonuclease de restrição.

↓

Separação dos fragmentos digeridos de acordo com o tamanho do fragmento através do processo de eletroforese.

↓

Blotagem dos fragmentos separados em membranas sintéticas como o nylon.

↓

Hibridação dos fragmentos utilizando sondas VNTR marcadas.

↓

Análise dos fragmentos híbridos por autoradiografia.

Aplicações de impressões digitais de ADN

Como já foi referido, a técnica de recolha de impressões digitais é utilizada para a análise do ADN em testes forenses e testes de paternidade. Para além destes dois campos, também é utilizada para determinar a frequência de um determinado gene numa população que dá origem à diversidade. Em caso de alteração da frequência genética ou de deriva genética, a impressão digital pode ser utilizada para determinar o papel desta alteração na evolução.

fotografia aérea em geografia - fotografia aérea, **técnica de fotografar a superfície da Terra ou características da sua atmosfera ou hidrosfera com câmaras montadas em aeronaves, foguetões ou satélites em órbita da Terra e outras naves espaciais**. fotografia aérea.

importância da fotografia aérea - A fotografia aérea é **útil tanto para a análise regional como para a avaliação de sítios específicos**. Pode também fornecer uma perspetiva histórica que nos permite ver as mudanças nas paisagens ao longo do tempo. Como aprendemos no início deste curso, as primeiras fotografias aéreas foram tiradas a partir de balões, papagaios e até pombos.

as características da fotografia aérea-(1) **O eixo da objetiva é perpendicular à superfície da terra**. (2) Cobre uma área relativamente pequena. (3) A forma da área do solo coberta numa única fotografia vertical aproxima-se muito de um quadrado ou retângulo. (4) Sendo uma vista de cima, dá uma visão não familiar do solo.

duas principais utilizações de uma fotografia aérea - As fotografias aéreas são utilizadas na cartografia topográfica e na interpretação. Estas duas utilizações diferentes levaram ao desenvolvimento da fotogrametria e da interpretação de fotografias/imagens como duas ciências independentes mas relacionadas.

CAPÍTULO IV

Conflitos Homem-animal: Conceitos básicos, razões para os conflitos, identificação dos danos causados pelos animais selvagens e medidas de controlo. Estudos de caso - elefante, gaur, javali, macaco, tigre e leopardo.

Conflitos entre humanos e animais:

As principais razões para o conflito homem-animal são a **invasão do habitat da vida selvagem por seres humanos para fins de desenvolvimento e de sobrevivência, bem como a permissão de gado para pastar na área florestal e os incêndios florestais**. Este conflito conduz a perdas tanto para o homem como para o animal.

Causas dos conflitos entre humanos e animais: Os conflitos entre humanos e animais selvagens estão a tornar-se mais frequentes, graves e generalizados devido ao **crescimento da população humana, à expansão agrícola, ao desenvolvimento de infra-estruturas, às alterações climáticas e a outros factores de perda de habitat**.

O conflito entre humanos e animais: O conflito entre humanos **e animais selvagens** ocorre **quando os encontros entre humanos e animais selvagens conduzem a resultados negativos, como a perda de propriedades, meios de subsistência e até mesmo a vida**. A matança defensiva e retaliatória pode eventualmente levar estas espécies à extinção. O conflito entre o homem e a vida selvagem refere-se à interação negativa entre o homem e a vida selvagem que resulta em perdas em termos de vida, propriedade ou recursos.

Devido à expansão da população humana, é quase inevitável que os seres humanos invadam os habitats naturais do reino animal. Como resultado, muitas nações incluíram a mitigação dos conflitos entre humanos e animais selvagens como parte da sua equipa ambiental nacional.

Definição de conflito entre humanos e animais selvagens

O conflito entre humanos e animais selvagens é definido pelo World Wide Fund for Nature (WWF) como "qualquer interação entre humanos e animais selvagens que resulte em impactos negativos na vida social, económica ou cultural dos humanos, na conservação das populações de animais selvagens ou no ambiente". O Grupo de Trabalho sobre Conflitos entre Humanos e Fauna Bravia da IUCN SSC descreve os conflitos entre humanos e fauna bravia como lutas que surgem quando a presença ou o comportamento da fauna bravia representa uma ameaça real ou percebida, direta e recorrente aos interesses ou necessidades humanas, levando a desacordos entre grupos de pessoas e a impactos negativos nas pessoas e/ou na fauna bravia.

Factores que conduzem ao conflito homem-vida selvagem

Os factores que levam ao conflito entre humanos e animais selvagens resultam da proximidade dos humanos com os habitats naturais da vida selvagem. Por exemplo, as culturas são criadas por herbívoros e o gado por carnívoros, levando os agricultores que dependem de ambos a tomar medidas extremas para evitar a perda de vida selvagem.

- Com uma população humana em rápido crescimento e uma elevada biodiversidade, as interacções entre pessoas e animais selvagens são cada vez mais frequentes.
- A perturbação do habitat é a destruição da casa dos animais selvagens. Os seres humanos matam ou perseguem os animais selvagens escavando, cortando, selando com pedras e fumando no seu habitat natural.
- Outros factores incluem a destruição do habitat em grande escala através da desflorestação, do sobrepastoreio pelo gado e da expansão dos aglomerados humanos e da

agricultura.

Conflitos entre humanos e animais - últimas descobertas

1. 222 elefantes foram mortos por eletrocussão em todo o país entre 2018-19 e 2020

- 1. Destas, 45 mortes foram causadas por comboios, 29 por caçadores furtivos e 11 por envenenamento.
- Entre o número de elefantes mortos por eletrocussão, Odisha foi responsável por 41, seguido de Tamil Nadu e Assam com 34 e 33 respetivamente.
- Odisha também lidera a lista do maior número de mortes de elefantes causadas por comboios (12 em 45), seguida de Bengala Ocidental (11) e Assam (9).
- As mortes de elefantes por caça furtiva foram mais elevadas em Meghalaya (12 em 29), enquanto as mortes por envenenamento foram mais elevadas em Assam.

2. Da mesma forma, se falarmos sobre causalidades humanas de conflitos com animais, 1.579 humanos são mortos por elefantes em três anos, ou seja, 585 em 2019-20, 461 em 2020-21 e **533 em 2021-22**.

- Odisha foi responsável pelo maior número dessas mortes, com 322, seguido por Jharkhand com 291 (incluindo 133 apenas em 2021-22), Bengala Ocidental com 240, Assam com 229, Chhattisgarh com 183 e Tamil Nadu com 152.

Conflitos entre humanos e animais selvagens			
Elefantes	**2021-22**	**2020-21**	**2019-20**
Humanos mortos por elefantes	533	461	585
Mortes de elefantes por comboios	12	14	19
Mortes de elefantes por eletrocussão	65	76	81
Mortes de elefantes por caça furtiva	14	9	6
Morte de elefantes por envenenamento	14	9	06

1. Também entre os tigres, 29 foram mortos pela caça furtiva entre 2019 e 2021, enquanto 197 mortes de tigres estão a ser analisadas.
2. Os tigres mataram 125 seres humanos em reservas entre 2019 e 2021. Maharashtra foi responsável por quase metade destas mortes, com 61.

Conflitos entre humanos e animais selvagens			
Tigres	**2021-22**	**2020-21**	**2019-20**
Humanos mortos por tigres	31	44	50
Mortes naturais de tigres	4	20	44
Caça furtiva Mortes de tigres	4	8	17
Mortes não naturais de tigres (exceto caça furtiva)	2	0	3
Morte de tigres sob escrutínio	104	71	22
Convulsão	13	7	10

Passos para atenuar os conflitos entre humanos e animais selvagens

Há muitas medidas que podem ser tomadas para atenuar os conflitos entre humanos e animais selvagens, mas as mais bem sucedidas são as que envolvem os membros da comunidade local no planeamento, implementação e manutenção.

No entanto, existem outros exemplos de atenuação dos conflitos entre humanos e animais selvagens

Translocação de animais problemáticos: A deslocação de animais supostamente problemáticos de um local de conflito para um novo local é uma técnica de atenuação utilizada no passado, embora a investigação recente tenha demonstrado que esta abordagem

pode ter impactos prejudiciais nas espécies e é largamente ineficaz.
Construção de vedações ou outras barreiras: A construção de barreiras à volta das bomas de gado, a criação de corredores distintos para a fauna bravia e a construção de vedações em forma de colmeia à volta das explorações agrícolas para dissuadir os elefantes demonstraram ser estratégias bem sucedidas e económicas para mitigar o conflito entre humanos e fauna bravia.
Compensação: em alguns casos, foram criados sistemas governamentais para oferecer uma compensação monetária pelas perdas sofridas devido a conflitos entre humanos e animais selvagens. Estes sistemas esperam dissuadir a necessidade de matar animais por retaliação e incentivar financeiramente a coexistência de humanos e animais selvagens.
Cães de guarda que impedem os predadores: A utilização de cães de guarda para proteger o gado da depredação tem sido eficaz na redução dos conflitos entre humanos e carnívoros em todo o mundo. Uma análise recente revelou que 15,4% dos casos de estudo que investigaram conflitos entre humanos e carnívoros utilizaram cães de guarda de gado como técnica de gestão, com perdas de animais em média 60 vezes inferiores à norma. As comunidades internacionais, os governos nacionais e regionais e também o sector privado devem integrar algumas abordagens, como as mencionadas abaixo, para conseguir uma coexistência pacífica entre os seres humanos e a vida selvagem.

- Comunidades internacionais
- Integrar a coexistência homem-vida selvagem como um objetivo/meta na visão da Convenção sobre a Diversidade Biológica (CDB) 2050 de "viver em harmonia com a natureza" e no quadro dos Objectivos de Desenvolvimento Sustentável (ODS).
- Autoridades governamentais nacionais e regionais

• Prestar apoio financeiro aos programas relacionados com a atenuação dos conflitos entre humanos e animais selvagens.
• Desenvolver instituições locais e regionais transparentes e inclusivas para gerir a utilização das terras e os conflitos entre humanos e animais selvagens.
• Implementar programas de informação sobre os conflitos entre humanos e animais selvagens a nível nacional, que incluam a monitorização e a educação sobre os impactos e as soluções.
• Desenvolver leis e regulamentos, a fim de controlar o conflito entre o homem e a vida selvagem.

- Sector privado

• Demonstrar os benefícios da minimização dos conflitos entre humanos e animais selvagens nas cadeias de valor.
• Repensar os desenvolvimentos ou projectos que resultarão no agravamento da situação de conflito, especialmente em locais onde o conflito entre humanos e animais selvagens não pode ser gerido, assegurando simultaneamente que todo o desenvolvimento complementa as necessidades das populações locais.
• Desenvolver inovações e adotar práticas de gestão que restabeleçam a conetividade do habitat natural e atenuem o conflito entre o homem e a vida selvagem.

Identificação dos danos causados por animais selvagens e medidas de controlo
Os animais selvagens podem causar uma série de danos, incluindo danos às culturas, ao gado e à propriedade. Podem também constituir um risco para a segurança humana. Algumas medidas de controlo comuns para mitigar os danos causados por animais selvagens incluem:
Barreiras físicas: As vedações podem ser utilizadas para impedir o acesso dos animais a

determinadas áreas ou culturas. Repelentes: Existem vários repelentes químicos e físicos que podem ser utilizados para impedir a entrada de animais selvagens em determinadas áreas.
Armadilhas: As armadilhas podem ser utilizadas para capturar e remover animais de uma área.
Caça: Em alguns casos, a caça pode ser utilizada como medida de controlo para reduzir a população de certos animais selvagens.
Modificação do habitat: A alteração do habitat de forma a torná-lo menos atrativo para os animais selvagens também pode ser eficaz na redução dos danos.
Educação e divulgação: Também pode ser útil fornecer educação e sensibilização à comunidade sobre como prevenir e mitigar os danos causados pelos animais selvagens.
É importante notar que diferentes medidas de controlo podem ser apropriadas para diferentes espécies de animais, e que a utilização de certas medidas de controlo pode ser regulada por leis locais, estatais ou federais. É também importante considerar os potenciais impactos das medidas de controlo no bem-estar e nas populações de animais selvagens.

Veados: Os veados podem causar danos nas culturas e jardins e podem também causar acidentes de viação se estiverem presentes nas estradas.
Guaxinins: Os guaxinins podem causar danos em jardins e propriedades e podem também ser portadores de doenças que podem ser transmitidas aos seres humanos.
Aves: Algumas aves, como os gansos e os patos, podem causar danos nas culturas e grandes bandos de aves podem também danificar edifícios e outras estruturas.
Roedores: Os roedores, como as ratazanas e os ratos, podem causar danos em edifícios, jardins e culturas, e podem também ser portadores de doenças que podem ser transmitidas aos seres humanos.
Os animais selvagens podem causar danos às culturas, à propriedade e ao gado, bem como constituir uma ameaça à segurança humana. A identificação do tipo específico de animal responsável pelos danos é um passo importante para determinar as medidas de controlo adequadas a tomar.
Existem vários métodos que podem ser utilizados para identificar os danos causados por animais selvagens: Observação: Procurar sinais de atividade animal, tais como pegadas, excrementos ou indícios de alimentação. Armadilhas fotográficas: Instalar armadilhas fotográficas em áreas onde se verificam danos para captar imagens dos animais responsáveis.
Avaliação dos danos: Examinar cuidadosamente a extensão e o tipo de danos para determinar que animal ou animais
Os animais selvagens podem causar danos de várias formas, incluindo a destruição de culturas, propriedades e habitats naturais, e representar uma ameaça para a segurança humana. Identificar os danos específicos causados pelos animais selvagens é um primeiro passo importante para desenvolver um plano para controlar ou mitigar os impactos destes animais.
Alguns métodos comuns para identificar danos causados por animais selvagens incluem:
Observar diretamente os danos: Isto pode implicar simplesmente a procura de sinais visíveis de danos, tais como colheitas destruídas ou vedações partidas.
Utilizar câmaras de vigilância ou outros instrumentos de monitorização: Estas podem ajudar a identificar os animais específicos responsáveis pelos danos e a seguir os seus movimentos ao longo do tempo.
Consultar as autoridades ou peritos locais: As agências de gestão da vida selvagem e outros peritos podem ter conhecimento dos animais selvagens específicos que estão a causar

problemas numa determinada área e podem ajudar a identificar os danos que estão a causar.

Uma vez identificados os danos causados pelos animais selvagens, o passo seguinte é desenvolver um plano para controlar ou atenuar

Os animais selvagens podem causar uma variedade de danos à propriedade e aos recursos humanos. Alguns exemplos comuns incluem:

Danos nas culturas: Os animais selvagens, como veados, coelhos e aves, podem danificar ou destruir as culturas, causando perdas económicas aos agricultores.

Danos nas infra-estruturas: Os animais de grande porte, como os alces e os alces, podem causar danos em estradas, pontes e edifícios ao colidirem com eles.

Transmissão de doenças: Alguns animais selvagens, como os roedores e as aves, podem transportar e transmitir doenças aos seres humanos e aos animais domésticos.

Para controlar os danos causados pelos animais selvagens, podem ser tomadas várias medidas, incluindo Barreiras físicas: As vedações podem ser utilizadas para manter os animais selvagens fora das culturas ou de outras áreas onde não são desejados.

Repelentes: Os repelentes químicos podem ser utilizados para dissuadir os animais selvagens de entrarem em determinadas áreas.

Caça e armadilhagem: Em alguns casos, a caça e a armadilhagem podem ser utilizadas para reduzir a população de animais selvagens que estão a causar danos.

Modificação do habitat: Alterar o habitat de forma a torná-lo menos atrativo para os animais selvagens pode ser uma forma eficaz de reduzir os danos. Por exemplo, plantar culturas que sejam menos atractivas para os veados pode reduzir os danos nas culturas.

Danos nas culturas: Os animais selvagens, como veados, coelhos e roedores, podem danificar as culturas, alimentando-se delas ou pisando-as.

Danos nos edifícios: Os animais selvagens, como as aves e os morcegos, podem causar danos aos edifícios ao nidificarem ou empoleirarem-se neles, o que pode provocar danos estruturais ou a acumulação de excrementos que podem constituir um perigo para a saúde.

Danos em espaços verdes: Os animais selvagens, como os coelhos, os veados e as marmotas, podem danificar os espaços verdes, alimentando-se das plantas e escavando tocas.

Os animais selvagens podem causar uma variedade de danos, incluindo danos nas culturas, propriedades e infra-estruturas. Podem também constituir uma ameaça para a segurança humana. Seguem-se alguns danos comuns causados por animais selvagens e potenciais medidas de controlo:

Danos nas culturas: Os animais selvagens, como veados, coelhos e aves, podem danificar as culturas, alimentando-se delas. As medidas de controlo incluem vedações, redes e a utilização de repelentes ou dissuasores, como ruídos ou cheiros fortes.

Danos materiais: Os animais selvagens podem danificar os bens, escavando jardins, arrancando telhas ou revestimentos, ou criando buracos nas paredes ou fundações. As medidas de controlo incluem a vedação dos pontos de entrada, a instalação de vedações ou redes e a utilização de repelentes ou dissuasores.

Danos nas infra-estruturas: Os animais selvagens podem danificar infra-estruturas como estradas, pontes e linhas de serviços públicos, escavando buracos ou tocas, ou provocando acidentes quando atravessam as estradas. As medidas de controlo incluem vedações, redes e a instalação de passagens para animais selvagens ou passagens subterrâneas para permitir que os animais atravessem as estradas em segurança.

Ameaças à segurança humana: Os animais selvagens podem constituir uma ameaça para a segurança humana quando entram em contacto com pessoas, intencionalmente ou não. As medidas de controlo incluem a educação das pessoas sobre os riscos da interação com animais selvagens e sobre a forma de evitar conflitos, bem como a utilização de métodos como o trote (utilização de ruídos fortes, luzes ou outros estímulos para dissuadir os animais) para manter os animais afastados de áreas onde possam estar presentes pessoas.

Vedação: As vedações podem ser utilizadas para manter os animais selvagens fora das áreas onde estão a causar danos. Repelentes: Podem ser utilizados repelentes, tais como ruídos ou odores, para dissuadir os animais selvagens de entrarem nas zonas onde estão a causar danos.

Armadilhagem e relocalização: A armadilha e a relocalização de animais selvagens podem ser uma forma eficaz de os retirar de uma área onde estejam a causar danos.

Modificação do habitat: A modificação do habitat numa área pode torná-lo menos atrativo para os animais selvagens, reduzindo a probabilidade de danos.

Para controlar os danos causados pelos animais selvagens, há várias medidas que podem ser tomadas: Cercas: A construção de barreiras físicas, tais como vedações, pode ajudar a evitar que os animais selvagens acedam às culturas ou ao gado.

Dissuasores: A utilização de ruídos altos, luzes brilhantes ou repelentes químicos pode ajudar a dissuadir os animais selvagens de entrar numa área.

Armadilhas: As armadilhas podem ser utilizadas para capturar e remover animais selvagens de uma área.

Caça: Em alguns casos, a caça pode ser utilizada como medida de controlo para reduzir a população de certos animais selvagens.

Educação e sensibilização: Educar as pessoas sobre os riscos e os potenciais danos causados pelos animais selvagens e ensiná-las a coexistir com eles pode ajudar a evitar conflitos.

Para identificar e resolver os danos causados pelos animais selvagens, é importante

Monitorizar e avaliar a extensão dos danos: Isto pode envolver a realização de inquéritos, a recolha de dados e a conversa com as pessoas afectadas para avaliar a extensão dos danos causados pelos animais selvagens.

Determinar a causa dos danos: A identificação das espécies de animais selvagens que causam os danos pode ajudar a informar as medidas de controlo que devem ser aplicadas.

Desenvolver e aplicar medidas de controlo: As medidas de controlo podem incluir barreiras físicas, repelentes, modificação do habitat, deslocação de animais e, em alguns casos, controlo letal.

É importante notar que, em muitos casos, não é possível eliminar completamente os danos causados pelos animais selvagens. Em vez disso, a atenção deve centrar-se em minimizar os danos e encontrar formas de coexistir com estes animais.

Os animais selvagens podem causar danos à propriedade, às colheitas e ao gado, bem como constituir uma ameaça à segurança humana. Para identificar e tratar os danos causados pelos animais selvagens, é importante começar por determinar a espécie responsável pelos danos. Isto pode ser feito através de identificação visual, localização e outros métodos.

Os animais selvagens podem causar uma série de danos, incluindo a destruição de colheitas, danos materiais e danos a seres humanos ou animais domésticos. Para identificar e tratar estes danos, é importante começar por determinar o tipo de animal que está a causar os danos e as circunstâncias específicas em que estes ocorrem.

Seguem-se algumas medidas de controlo potenciais que podem ser eficazes na redução ou prevenção dos danos causados por animais selvagens:

Armadilhagem e recolocação em vida: Em alguns casos, pode ser possível prender e deslocar humanamente os animais selvagens para um local diferente. Esta operação só deve ser

efectuada por profissionais qualificados e é importante garantir que os animais recolocados não causarão problemas no seu novo local.
Controlo letal: Em determinadas circunstâncias, pode ser necessário recorrer a medidas de controlo letal para proteger a segurança humana ou evitar danos significativos. Este deve ser sempre um último recurso e deve ser efectuado de uma forma humana e ética.
É importante notar que as medidas de controlo mais eficazes dependerão das circunstâncias específicas e do tipo de animal envolvido. É igualmente importante considerar os impactos potenciais na população animal e no ecossistema como um todo ao aplicar medidas de controlo.
Os animais selvagens podem causar uma variedade de danos, incluindo danos às culturas, ao gado e à propriedade. A identificação do tipo específico de danos e das espécies responsáveis pode ser importante para a aplicação de medidas de controlo eficazes.
Para identificar o tipo específico de dano e a espécie responsável, pode ser necessário efetuar uma investigação exaustiva. Isto pode implicar a recolha de provas físicas, tais como rastos, dejectos e pelo, e o exame dos próprios danos para determinar o tipo de animal envolvido.
Uma vez identificada a causa dos danos, podem ser aplicadas medidas de controlo para evitar mais danos. Estas medidas podem incluir barreiras físicas, repelentes ou armadilhas. Nalguns casos, pode ser necessário remover os animais agressores ou modificar o seu habitat para reduzir a probabilidade de conflito com os seres humanos. É importante notar que muitos animais selvagens estão protegidos por lei e é ilegal matá-los ou prejudicá-los sem autorização. Por conseguinte, é importante consultar as autoridades locais ou as agências de gestão da vida selvagem antes de aplicar quaisquer medidas de controlo.
É importante notar que as medidas de controlo devem ser implementadas de uma forma humana e ética, e que quaisquer acções tomadas devem estar em conformidade com as leis e regulamentos locais e nacionais. Além disso, muitas vezes é melhor procurar a orientação e os conhecimentos de profissionais, como biólogos da vida selvagem ou conservacionistas, quando se trata de lidar com os danos causados por animais selvagens.
Estudos de caso - Elefante, gaur, javali, macaco, tigre e leopardo.
Elefante: Os elefantes podem causar danos significativos às culturas, propriedades e habitats naturais. Podem também constituir uma ameaça à segurança humana. Em algumas áreas, os agricultores têm utilizado vedações, pimentas e colmeias como medidas de controlo não letais para impedir os elefantes de entrarem nos seus campos. Noutros casos, poderão ser necessárias medidas mais agressivas como o abate ou a translocação dos elefantes problemáticos.
Gaur: O gaur, também conhecido como bisonte indiano, pode causar danos às culturas e à propriedade, especialmente em áreas onde os seus habitats naturais foram perturbados ou destruídos. Medidas de controlo não letais, como vedações, vedações eléctricas e repelentes, podem ser eficazes para evitar que o gaur entre em zonas agrícolas. Nalguns casos, a caça ou o abate podem ser necessários para gerir a população de gaurídeos e reduzir os danos.
Javali: O javali pode causar danos significativos às culturas, especialmente em zonas onde se habituou a procurar alimentos. As medidas de controlo não letais, como as vedações e os repelentes, podem ser eficazes para evitar que o javali entre nas zonas agrícolas. Em alguns casos, a caça ou o abate podem ser necessários para gerir a população de javalis e reduzir os danos.
Macaco: Os macacos podem causar danos nas culturas e nas propriedades e podem também constituir uma ameaça para a segurança humana. Medidas de controlo não letais, como

vedações e repelentes, podem ser eficazes para evitar que os macacos entrem em zonas agrícolas ou urbanas. Nalguns casos, pode ser necessário translocar os macacos problemáticos para habitats mais adequados.

Tigre: Os tigres podem causar danos às culturas e ao gado e podem também constituir uma ameaça à segurança humana. Em zonas onde os tigres e os seres humanos coexistem, as medidas de controlo não letais, como vedações e repelentes, podem ser eficazes na prevenção de ataques de tigres. Em alguns casos, a caça ou o abate podem ser necessários para gerir a população de tigres e reduzir os danos.

Leopardo: Os leopardos podem causar danos ao gado e podem também constituir uma ameaça para a segurança humana. Nas zonas onde coexistem leopardos e seres humanos, as medidas de controlo não letais, como as vedações e os repelentes, podem ser eficazes na prevenção de ataques de leopardos. Nalguns casos, a caça ou o abate podem ser necessários para gerir a população de leopardos e reduzir os danos.

Unidade V: Zoos, Parques Zoológicos, Santuários de Vida Selvagem, Parques Nacionais e Reservas de Tigres: Definição - conservação in-situ e ex-situ, formação, gestão e administração. Estudos de casos (jardim zoológico de VOC, parque zoológico de Arignar Anna, santuário de vida selvagem de Srivilliputtur, santuário de aves de Vedanthangal, parques nacionais de Mukkuruthi e Guindy, reservas de tigres de Mudumalai e Periyar - reserva da biosfera de Nilgiri.

A Índia é o lar de uma série de jardins zoológicos e parques zoológicos que exibem uma variedade de animais selvagens e exóticos. Alguns dos jardins zoológicos e parques zoológicos mais populares da Índia incluem:

- Parque Zoológico Arignar Anna, Chennai
- Parque Biológico de Bannerghatta, Bengaluru
- Parque Zoológico de Nandankanan, Bhubaneswar
- Parque Nacional Sanjay Gandhi, Mumbai
- Parque Zoológico de Nehru, Hyderabad
- Jardim Zoológico de Mysuru, Mysuru
- Parque Zoológico Indira Gandhi, Visakhapatnam
- Jardim Zoológico de Alipore, Calcutá
- Jardins Zoológicos de Sri Chamarajendra, Mysuru
- Parque Biológico de Sajjangarh, Udaipur

Estes jardins zoológicos e parques zoológicos dedicam-se à conservação e preservação da vida selvagem e proporcionam aos visitantes a oportunidade de aprender mais sobre várias espécies animais e os seus habitats.

Parques nacionais na Índia

Os parques nacionais importantes da Índia funcionam como um local adequado para a preservação dos animais, proporcionando-lhes um habitat natural e presas. As actividades antropogénicas, como as actividades de desenvolvimento, as actividades industriais, a silvicultura, a caça furtiva, a caça e o cultivo, não são permitidas. Os limites dos parques nacionais estão bem definidos e não são permitidas actividades privadas no interior do parque nacional.

Lista dos parques nacionais da Índia 2023:-

Ano de Estabelecimento	**Nome do parque nacional**	**Estado**
1936	Parque Nacional de Corbett	Uttarakhand
1955	Parque Nacional de Kanha	Madhya Pradesh
1955	Parque Nacional de Tadoba	Maharashtra
1959	Parque Nacional de Madhav	Madhya Pradesh
1968	Parque Nacional de Bandhavgarh	Madhya Pradesh
1974	Parque Nacional de Kaziranga	Assam
1974	Parque Nacional de Bandipur	Karnataka
1974	Parque Nacional de Bannerghatta	Karnataka
1975	Parque Nacional de Gir	Gujarat
1975	Parque Nacional de Gugamal	Maharashtra
1975	Parque nacional de Navegaon	Maharashtra

1975	Parque Nacional de Pench	Madhya Pradesh
1976	Parque nacional de Blackbuck	Gujarat
1976	Parque nacional de Guindy	Tamil Nadu
1977	Parque Nacional de Keibul-Lamjao	Manipur
1977	Parque Nacional de Khangchendzonga	Sikkim
1977	Parque Nacional de Dudhwa	Uttar Pradesh
1978	Parque Nacional de Eravikulam	Kerala
1979	Parque Nacional de Vansda	Gujarat
1979	Parque nacional de Van Vihar	Madhya Pradesh
1980	Parque Nacional de Simlipal	Odisha
1980	Parque Nacional de Ranthambore	Raj asthan
1980	Parque Nacional Marinho do Golfo de Mannar	Tamil Nadu
1981	Parque Nacional Guru Ghasidas (Sanjay)	Chhattisgarh
1981	Parque Nacional de Dachigam	Jammu e Caxemira
1981	Parque Nacional de Hemis	Jammu e Caxemira
1981	Parque Nacional de Kishtwar	Jammu e Caxemira
1981	Parque Nacional de Panna	Madhya Pradesh
1981	Parque Nacional de Sanjay	Madhya Pradesh
1981	Parque Nacional de Satpura	Madhya Pradesh
1981	Parque Nacional de Keoladeo Gana	Raj asthan
1982	Parque Nacional de Indravati	Chhattisgarh
1982	Parque Nacional do Vale de Kanger	Chhattisgarh
1982	Parque Nacional Marinho	Gujarat
1982	Parque Nacional de Periyar	Kerala
1982	Parque Nacional de Nanda Devi	Uttarakhand
1982	Parque Nacional do Vale das Flores	Uttarakhand
1983	Parque Nacional Marinho Mahatma Gandhi	Ilhas Andaman e Nicobar
1983	Parque Nacional de Namdapha	Pradesh do Arunachal
1983	Parque Nacional dos Fósseis	Madhya Pradesh
1983	Parque Nacional Sanjay Gandhi	Maharashtra
1983	Parque Nacional de Rajaji	Uttarakhand
1984	Parque Nacional dos Grandes Himalaias	Himachal Pradesh
1984	Parque Nacional do Vale do Silêncio	Kerala
1984	Parque Nacional de Sunderban	Bengala Ocidental
1985	Parque nacional de Balpakram	Meghalaya
1986	Parque nacional de Mouling	Pradesh do Arunachal
1986	Parque Nacional de Betla	Jharkhand
1986	Parque Nacional Nokrek Ridge	Meghalaya
1986	Parque Nacional do Vale de Neora	Bengala Ocidental
1986	Parque Nacional de Singalila	Bengala Ocidental
1987	Parque Nacional da Ilha do Botão do Meio	Ilhas Andaman e Nicobar
1987	Parque Nacional do Monte Harriet	Ilhas Andaman e Nicobar
1987	Parque Nacional da Ilha do Botão do Norte	Ilhas Andaman e Nicobar

1987	Parque Nacional de Saddle Peak	Ilhas Andaman e Nicobar
1987	Parque Nacional da Ilha de South Button	Ilhas Andaman e Nicobar
1987	Parque Nacional de Pin Valley	Himachal Pradesh
1987	Parque Nacional de Anshi	Karnataka
1987	Parque nacional de Kudremukh	Karnataka
1988	Parque Nacional de Nagarahole (Rajiv Gandhi)	Karnataka
1988	Parque Nacional de Bhitarkanika	Odisha
1989	Parque Nacional Sri Venkateswara	Andhra Pradesh
1989	Parque Nacional de Valmiki	Bihar
1989	Parque Nacional do Sultão	Haryana
1989	Parque Nacional Indira Gandhi (Annamalai)	Tamil Nadu
1989	Parque nacional de Gangotri	Uttarakhand
1990	Parque Nacional de Manas	Assam
1990	Parque Nacional de Mudumalai	Tamil Nadu
1990	Parque nacional de Mukurthi	Tamil Nadu
1990	Parque nacional de Govind	Uttarakhand
1991	Parque nacional de Murlen	Mizoram
1992	Parque Nacional da Baía de Campbell	Ilhas Andaman e Nicobar
1992	Parque Nacional da Baía de Galathea	Ilhas Andaman e Nicobar
1992	Parque Nacional de Mollem	Goa
1992	Parque Nacional da Floresta da Cidade (Salim Ali)	Jammu e Caxemira
1992	Parque Nacional da Montanha Azul de Phawngpui	Mizoram
1992	Parque Nacional do Deserto	Raj asthan
1992	Parque Nacional de Sariska	Raj asthan
1992	Parque nacional de Buxa	Bengala Ocidental
1992	Parque Nacional da Gorumara	Bengala Ocidental
1993	Parque Nacional de Intanki	Nagaland
1994	Parque Nacional Kasu Brahmananda Reddy	Telangana
1994	Parque Nacional Mahaveer Harina Vanasthali	Telangana
1994	Parque Nacional de Mrugavani	Telangana
1996	Parque Nacional Marinho Rani Jhansi	Ilhas Andaman e Nicobar
1998	Parque Nacional de Nameri	Assam
1999	Parque nacional de Dibru-Saikhowa	Assam
1999	Parque Nacional Rajiv Gandhi Orang	Assam
2003	Parque Nacional de Kalesar	Haryana
2003	Parque Nacional de Anamudi Shola	Kerala
2003	Parque Nacional de Mathikettan Shola	Kerala
2003	Parque Nacional de Pampadum Shola	Kerala
2004	Parque nacional de Chandoli	Maharashtra

2005	Parque Nacional Rajiv Gandhi (Rameswaram)	Andhra Pradesh
2006	Parque Nacional das Colinas de Mukundra	Raj asthan
2007	Parque Nacional do Leopardo das Nuvens	Tripura
2007	Parque Nacional Bison	Tripura
2008	Parque Nacional de Papikonda	Andhra Pradesh
2010	Parque nacional de Inderkilla	Himachal Pradesh
2010	Parque Nacional de Khirganga	Himachal Pradesh
2010	Parque Nacional de Simbalbara	Himachal Pradesh
2014	Parque Nacional de Jaldapara	Bengala Ocidental

National parks aim to protect the wildlife and its environment. And furthermore, national parks are hosts to valuable resources. However, it is illegal to conduct any commercial activity in order to ensure the preservation of wildlife and its habitat.

Os parques nacionais têm por objetivo proteger a vida selvagem e o seu ambiente. Além disso, os parques nacionais albergam recursos valiosos. No entanto, é ilegal realizar qualquer atividade comercial para garantir a preservação da vida selvagem e do seu habitat.

- Os parques nacionais, os santuários de vida selvagem, as reservas florestais, as reservas de conservação, as reservas marinhas, as reservas comunitárias e as reservas da biosfera fazem parte das zonas protegidas da Índia.
- A Índia é um dos 17 países megadiversos do mundo. O país é dotado de uma infinidade de flora e fauna.
- Os parques nacionais são zonas protegidas da categoria II da IUCN. O primeiro parque nacional da Índia foi criado em 1936 em Uttarakhand, o Parque Nacional Jim Corbett.
- Até 1970, a Índia tinha apenas cinco parques nacionais. Em 1972, a Índia adoptou a legislação sobre a vida selvagem

Q 1. O que é um parque nacional?

Qualquer habitat natural que seja reservado pelo Governo de um Estado ou Território da União para a conservação do ambiente natural é designado por Parque Nacional.

Q 2. Qual é o maior parque nacional da Índia?

Resposta: O Parque Nacional de Hemis, em Ladakh, é o maior parque nacional da Índia. O Parque Nacional de Hemis é mundialmente famoso pelos seus leopardos-das-neves, que se crê terem a maior densidade em qualquer área protegida do mundo.

P 3 - Porque é que precisamos de Parques Nacionais?

Existem vários objectivos para a criação de um Parque Nacional:

- Pode contribuir para a proteção do ecossistema de uma determinada área ou região
- Conservação de espécies em vias de extinção
- Preservar os recursos naturais para o desenvolvimento ecológico
- Pode contribuir para a preservação de espécies variadas

Q 4 - Qual foi o primeiro parque nacional marinho da Índia?

Resp. O primeiro parque nacional marinho situa-se no Golfo de Kutch e foi criado em 1982. Está situado na margem sul do Golfo de Kutch, no distrito de Devbhumi Dwarka, no estado de Gujarat.

Q 5 - Qual é o único parque nacional flutuante do país e onde se situa?

Resp. O Parque Nacional de Keibul Lamjao é um parque nacional situado no distrito de Bishnupur, no estado de Manipur, na Índia. É o único parque nacional flutuante do mundo.

Q 6. Qual é a diferença entre um Parque Nacional e um Santuário de Vida Selvagem?

Um santuário de vida selvagem é uma área natural pertencente ao governo ou a uma agência privada para a proteção de determinadas espécies de flora ou fauna durante uma parte do ano ou na sua totalidade. Por outro lado, um parque nacional é uma área de terra reservada, propriedade do governo, que é protegida da industrialização, da exploração humana e da poluição.

Q 7. Qual é o parque nacional mais antigo da Índia?

Resp. O Parque Nacional Jim Corbett é o parque nacional mais antigo da Índia. Situa-se em Uttrakhand e foi criado em 1936.

Q 8. Quantos parques nacionais existem na Índia?

Existem 104 Parques Nacionais (em janeiro de 2021) na Índia. Cobrem uma área total de 40 564 km2, o que corresponde a 1,23% da área geográfica do país.

Santuário de vida selvagem

O que é um santuário de vida selvagem?

Um santuário de vida selvagem é uma área onde os habitats dos animais e os seus arredores estão protegidos de qualquer tipo de perturbação. A captura, o abate e a caça furtiva de animais são estritamente proibidos nestas regiões.

O seu objetivo é proporcionar uma vida confortável aos animais. A Índia tem belos santuários de vida selvagem, com florestas densas, grandes rios, montanhas altas e bonitas. Alguns destes santuários na Índia são aqui mencionados.

Santuários de vida selvagem na Índia

S.N.	**Nome dos santuários de vida selvagem**	**Estado**
1.	Santuário de aves de Bharatpur	Rajastão
2.	Santuário de aves do lago Chilika	Odisha
3.	Santuário de vida selvagem de Chinnar	Kerala
4.	Parque Nacional e Santuário de Vida Selvagem de Gir	Gujarat
5.	Santuário de Vida Selvagem de Govind	Uttarakhand
6.	Santuário de Madumalai	Tamil Nadu
7.	Santuário de Vida Selvagem de Periyar	Kerala

O turismo não é permitido num santuário de vida selvagem. Não é permitida a entrada de pessoas sem escolta. O principal objetivo da criação de um santuário de vida selvagem é educar os seres humanos sobre a forma de tratar os animais. Os animais são tratados e deixados a viver pacificamente nos seus habitats naturais. Importância dos santuários de vida selvagem

Há uma série de razões para a criação de santuários de vida selvagem. Algumas das razões são enumeradas a seguir:

- Os santuários de vida selvagem são criados para proteger as espécies ameaçadas de extinção.
- É muito difícil deslocar sempre os animais do seu habitat natural, pelo que é vantajoso protegê-los no seu ambiente natural.
- As espécies ameaçadas de extinção são especialmente monitorizadas nos santuários de vida selvagem. Se se reproduzirem e crescerem em número enquanto estiverem sob proteção, alguns exemplares podem ser mantidos para reprodução nos parques de conservação para a sua sobrevivência.
- As actividades e investigações dos biólogos são permitidas nos santuários de vida selvagem para que possam aprender sobre os animais que aí vivem.
- Alguns santuários acolhem animais feridos e abandonados e reabilitam-nos até ficarem saudáveis antes de os libertarem na floresta.
- Os santuários de vida selvagem preservam as espécies ameaçadas de extinção e protegem-nas dos seres humanos e dos predadores.

Proteção das espécies ameaçadas de extinção

Muitas espécies de plantas e animais estão à beira da extinção. Essas criaturas são conservadas nos santuários de vida selvagem. Foram criados vários santuários, como o santuário da península de Fleurieu, que é mantido para proteger o habitat das cacatuas pretas brilhantes.

Conservação da Biodiversidade

Os proprietários de um santuário de vida selvagem estão envolvidos em:

- Produção e distribuição de eletricidade.
- Empresas de horticultura, pastoreio e agricultura
- Produção de vinho
- Horticultura biológica

Ecoturismo

Muitos santuários estão envolvidos no ecoturismo. Oferecem alojamento, guias turísticos, passeios na natureza, etc.

Educação e utilização pública

Os santuários que são criados em terrenos públicos estão envolvidos na utilização pública juntamente com a conservação da biodiversidade. Por exemplo, campos de golfe, zonas de piquenique, lagos para passeios de barco e natação.

Os Parques Nacionais são as áreas criadas pelo governo para conservar o ambiente natural".

"O santuário é um local de refúgio onde a vida selvagem ferida, abandonada e maltratada pode viver em paz no seu ambiente natural, sem qualquer intervenção humana." O que é um Parque Nacional?

Os parques nacionais são zonas que têm por objetivo proteger o ambiente natural. Estão também envolvidos em actividades de recreio e lazer públicas. Num parque nacional, as paisagens e a sua flora e fauna estão presentes no seu estado natural.

A Índia é rica em biodiversidade. A zona ecológica Indomalayan inclui cerca de 7,6% de

mamíferos, 6,2% de répteis, 12,6% de aves e 6,0% de espécies de plantas com flores. Muitas eco-regiões do nosso país, como as florestas de Shola, apresentam elevadas taxas de endemismo. As florestas abrangem desde a floresta tropical húmida, os Ghats Ocidentais e o Nordeste da Índia até às florestas de coníferas na região dos Himalaias.
O importante ecossistema terrestre que acompanha a ecozona Indomalayan é constituído por regiões temperadas, polares, húmidas e secas, onde vivem diferentes tipos de espécies. As espécies incluem o elefante, o tigre, a cobra, o crocodilo, os macacos, o veado sambar, o veado malhado, o rinoceronte, as cabras, os leões e diferentes tipos de flora e fauna.
A vida selvagem indiana tem cerca de 99 parques nacionais reconhecidos mundialmente em diferentes partes do país. Todos estes parques nacionais e reservas de vida selvagem foram reconhecidos pela IUCN ou pela União Internacional para a Conservação da Natureza na segunda categoria de áreas protegidas. Lista dos parques nacionais da Índia
Os parques nacionais constituem um refúgio para a vida selvagem longe da civilização. A Índia tem atualmente mais de 100 parques nacionais distribuídos por todo o país, que se estendem por vários biomas.
O parque nacional de Hailey é o primeiro parque nacional da Índia. É um dos melhores exemplos de conservação ecológica. Os outros parques nacionais da Índia incluem:

1. Parque nacional de Bandipur no Karnataka
2. Parque Nacional de Bandhavgarh em Madhya Pradesh
3. Santuário de vida selvagem de Bhadra em Karnataka
4. Santuário de vida selvagem de Chinnar em Kerala
5. Parque Nacional de Corbett em Uttarakhand
6. Santuário de Vida Selvagem de Dandeli em Karnataka
7. Parque Nacional de Dudhwa em Uttar Pradesh
8. Parque Nacional de Gir e Santuário de Sasan Gir em Gujarat
9. Parque Nacional de Hemis em Jammu e Caxemira
10. Parque Nacional de Kanha em Madhya Pradesh
11. Parque Nacional de Kaziranga em Assam
12. Parque Nacional Keoladeo Ghana em Bharatpur, Rajastão
13. Parque Nacional de Manas em Assam
14. Parque Nacional de Nagarhole em Karnataka
15. Parque Nacional de Panna em Madhya Pradesh
16. Parque Nacional de Periyar em Kerala.
17. Parque Nacional de Pench em Madhya Pradesh
18. Parque Nacional de Ranthambore no Rajastão
19. Parque Nacional de Sariska no Rajastão
20. Reserva de Tigres de Tadoba Andhari em Maharashtra
21. O Parque Nacional dos Grandes Himalaias em Himachal Pradesh

O que é um Santuário?
Os santuários são áreas naturais destinadas a proteger as espécies ameaçadas de extinção da caça, da caça furtiva e da predação. Aqui os animais não são criados para fins comerciais. Proporcionam um refúgio seguro, saudável e protegido a todos os animais selvagens.
Lista de santuários de vida selvagem na Índia
Segue-se a lista dos santuários existentes na Índia:

1. Santuário de Vida Selvagem de Dichigam
2. Santuário de Vida Selvagem de Sunderbans

3. Santuário de Vida Selvagem de Manas
4. Santuário de aves de Bharatpur
5. Santuário de Vida Selvagem de Periyar
6. Santuário de aves de Vedanthangal
7. Santuário de Vida Selvagem de Mundanthurai
8. Santuário de vida selvagem de Annamalai
9. Santuário de Vida Selvagem de Dandeli
10. Santuário de vida selvagem de Chinnar

Inicialmente, muitos dos Parques Nacionais eram santuários de vida selvagem. Após a adoção de medidas conservadoras pelo Governo indiano, verificou-se um aumento de 30% no número de tigres no ano de 2015. Estes santuários de vida selvagem e parques nacionais são as áreas mais visitadas na Índia, que oferecem uma natureza selvagem inigualável em várias regiões.

Os amantes da vida selvagem e os turistas podem encontrar mais oportunidades para passeios turísticos, safaris, observação de aves, pesca, travessia de rios, acampamento e passeios de tigre em reservas de tigre distintas na Índia.

Para que os turistas tenham uma experiência melhor e mais gratificante da vida selvagem, estes destinos são muito mais extensos pela Wildlife Authority of India, tornando-os assim pontos turísticos mais conhecidos com grandes atracções. Há também uma oferta de vários tipos de alojamento, como estâncias, hotéis e alojamentos nas proximidades.

Conservação do tigre na Índia

Em julho de 2020, o Ministério do Ambiente divulgou o Relatório do Censo do Tigre na véspera do Dia Mundial do Tigre (29 de julho). A Índia tem 70 por cento da população mundial de tigres. Foi anunciado que o quadro Conservation Assured | Tiger Standards (CA|TS) será alargado a todas as 50 reservas de tigres da Índia.

De acordo com a 4ª Estimativa de Tigres de Toda a Índia (AITE), existem 2967 tigres na Índia.

Tigre Símbolo de poder e energia

O tigre é o animal nacional da Índia e tem também uma posição significativa na cultura indiana. O tigre simboliza normalmente o poder e a enorme energia.

Alguns factos interessantes relacionados com os Tigres na Índia:

1. Nagpur é também conhecida como a "Capital do Tigre" da Índia
2. Só em Vidharbha (incluindo a divisão oriental de Nagpur) existem 13 reservas de tigres.
3. Os parques nacionais em redor de Nagpur incluem o Santuário de Vida Selvagem Umred Karhandla, o Parque Nacional Pench, a Reserva de Tigres de Nagzira-Navegaon, a Reserva de Tigres de Tadoba-Andhari, a Reserva de Tigres de Melghat e a Reserva de Tigres de Bor.
4. As condições climáticas desta região florestal são muito adequadas para a conservação do tigre.
5. **Primeiro santuário de tigres brancos** - Madhya Pradesh (O primeiro "Safari do Tigre Branco" foi inaugurado em 2016).
6. Tigre Estatuto IUCN - Em perigo

A lista das reservas de tigres na Índia é apresentada a seguir:

Lista de r **Reservas de íger na Índia**

Sl. Não.	Estado	Nome da reserva do tigre
1	Andhra Pradesh	Nagarjunsagar Srisailam

2	Pradesh do Arunachal	Parque Nacional de Namdapha
3	Pradesh do Arunachal	Reserva do Tigre de Kamlang
4	Pradesh do Arunachal	Reserva do Tigre de Pakke
5	Assam	Reserva de Tigres de Manas
6	Assam	Parque Nacional de Nameri
7	Assam	Reserva do Tigre Orang
8	Assam	Parque Nacional de Kaziranga
9	Bihar	Parque Nacional de Valmiki
10	Chhattisgarh	Santuário de Vida Selvagem de Udanti-Sitanadi
11	Chhattisgarh	Santuário de vida selvagem de Achanakmar
12	Chhattisgarh	Reserva do Tigre de Indravati
13	Jharkhand	Reserva do Tigre de Palamau
14	Karnataka	Reserva de Tigres de Bandipur
15	Karnataka	Santuário de vida selvagem de Bhadra
16	Karnataka	Reserva do Tigre de Dandeli-Anshi
17	Karnataka	Parque Nacional de Nagarahole
18	Karnataka	Reserva do tigre do Templo de Biligiri Ranganatha
19	Kerala	Reserva do Tigre de Periyar
20	Kerala	Reserva do Tigre de Parambikulam
21	Madhya Pradesh	Reserva de tigres de Kanha
22	Madhya Pradesh	Reserva do Tigre de Pench
23	Madhya Pradesh	Reserva de tigres de Bandhavgarh
24	Madhya Pradesh	Reserva do Tigre de Panna
25	Madhya Pradesh	Reserva do Tigre de Satpura
26	Madhya Pradesh	Reserva do Tigre de Sanjay-Dubri
27	Maharashtra	Reserva do Tigre de Melghat
28	Maharashtra	Reserva de Tigres de Tadoba-Andhari
29	Maharashtra	Reserva do Tigre de Pench
30	Maharashtra	Reserva de Tigres de Sahyadri
31	Maharashtra	Reserva do Tigre de Nagzira
32	Maharashtra	Reserva do Tigre de Bor
33	Mizoram	Reserva do Tigre de Dampa
34	Odisha	Reserva do Tigre de Similipal
35	Odisha	Reserva do Tigre de Satkosia
36	Rajastão	Reserva de Tigres de Ranthambore
37	Rajastão	Reserva do Tigre de Sariska
38	Rajastão	Reserva de Tigres de Mukandra Hills
39	Tamil Nadu	Reserva do Tigre de Kalakad-Mundanthurai
40	Tamil Nadu	Reserva de Tigres de Anamalai (Santuário de Vida Selvagem e Parque Nacional Indira Gandhi)
41	Tamil Nadu	Reserva do Tigre de Mudumalai
42	Tamil Nadu	Reserva do Tigre de Sathyamangalam
43	Telangana	Reserva do Tigre de Kawal
44	Telangana	Reserva do Tigre de Amrabad
45	Uttar Pradesh	Reserva de Tigres de Dudhwa
46	Uttar Pradesh	Reserva do Tigre de Pilibhit
47	Uttar Pradesh	Reserva do Tigre de Amangarh (zona-tampão da Reserva do Tigre de Corbett)

48	Uttarakhand	Parque Nacional de Jim Corbett
49	Uttarakhand	Reserva do Tigre de Rajaji
50	Bengala Ocidental	Parque Nacional de Sunderban
51	Bengala Ocidental	Reserva do Tigre de Buxa

Mapa das reservas de tigres na Índia

A localização geográfica das reservas de tigres na Índia [Mapa] é apresentada a seguir:

Como se pode ver no mapa, é evidente que as reservas de tigres na Índia se situam maioritariamente nas zonas central e oriental. É necessário que os habitantes ajudem o governo a criar mais reservas de tigres também nas zonas ocidentais.

Novas reservas de tigres na Índia

Recentemente, a Autoridade Nacional para a Conservação do Tigre concordou com a formação de quatro novas reservas de tigres em:

1. Sunabeda (Odisha),
2. Ratapani (Madhya Pradesh)
3. Orang (Assam)
4. Guru Ghasidas (Chhattisgarh)

Os respectivos governos estaduais foram instruídos no sentido de enviarem a proposta de anúncio de Suhelwa (Uttar Pradesh), Cauvery MM Hills (Karnataka), Mhadei (Goa), Srivilliputhur Grizzled Giant Squirrel (Tamil Nadu) e Dibang (Arunachal Pradesh) como reservas de tigres.

Habitat crítico do tigre

Os Habitats Críticos do Tigre (CTH), de acordo com a Lei de Proteção da Vida Selvagem de 1972, são áreas centrais das reservas de tigres destinadas a ser "mantidas invioladas para efeitos de conservação do tigre". Para o reconhecimento do habitat crítico do tigre, é constituído um comité de peritos e a decisão final é notificada pelo governo estatal.

A Lei dos Direitos Florestais de 2006 menciona os 'Habitats Críticos da Vida Selvagem', que fazem parte de reservas e santuários destinados à serem mantidos inviolados para a conservação da vida selvagem (não apenas os tigres). No caso dos habitats críticos da vida selvagem, os Gram Sabhas e as partes interessadas afectadas têm de dar o seu consentimento para a notificação.

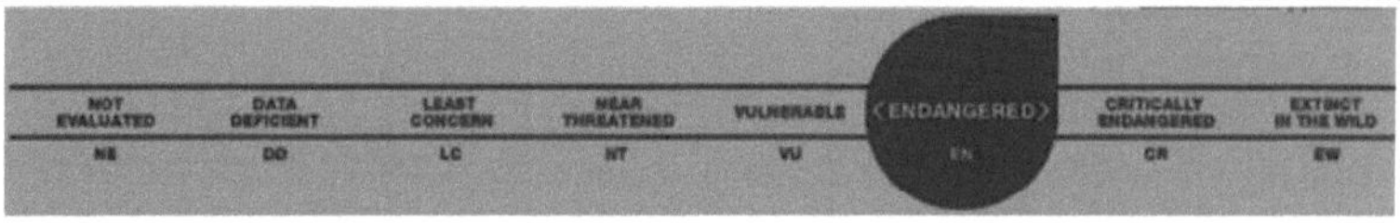

Os tigres são vistos maioritariamente nas florestas tropicais da Ásia. Os recentes relatórios gerados

Ameaças à população de tigres As informações de diferentes organizações internacionais mostram que a população de tigres está a diminuir. De acordo com a lista vermelha da IUCN, o tigre está classificado como um animal em perigo de extinção. As principais ameaças enfrentadas por esta espécie são a caça furtiva, a destruição do habitat, a insuficiência de presas, etc. Os tigres são mortos para obter peles, ossos e carne.

A lista das principais ameaças à população de tigres é a seguinte

1. Conflito homem-animal
2. Caça, caça furtiva e comércio ilegal
3. Habitat e perda de espécies de presas

Conflito homem-animal

Devido às actividades antropogénicas, a população de tigres perdeu o seu habitat. A perda de habitat resultou na redução das suas espécies de presas. Começaram a sair da floresta e a vir para a aldeia em busca de presas.

Os tigres que vinham em busca das suas presas atacavam animais domésticos e seres humanos. Por vingança, os tigres são frequentemente mortos por seres humanos zangados.

Leia em pormenor sobre o Conflito Homem-Vida Selvagem no artigo que se segue.

Caça, comércio ilegal e caça furtiva

A caça aos tigres é um grande problema que a população de tigres enfrenta desde tempos remotos. A caça é um símbolo de estatuto. As pessoas utilizavam os ossos e os dentes do tigre para fins comerciais, o que também pode ser designado como comércio ilegal.

As partes do corpo são também utilizadas para fins medicinais. Este facto provocou o maior declínio das populações de tigres desde 1930. A caça furtiva é a próxima ameaça para a população de tigres que resta.

Actividades antropogénicas

As actividades destrutivas antropogénicas que causaram a devastação do habitat e das espécies de presas são as principais ameaças a longo prazo à continuação do declínio da população de tigres no país.

O homem e os animais competem para encontrar o seu habitat. Os tigres precisam de grandes territórios. Para além do habitat, os tigres também sofreram uma grave perda de populações de espécies de presas, como os antílopes e os veados.

O homem adquiriu os terrenos florestais para a construção de habitações e actividades industriais. Este facto resultou, em última análise, na destruição total dos habitats dos animais. Esta situação afectou as condições climáticas, a harmonia e constitui uma ameaça para a existência dos seres humanos. O projeto de interligação do rio Ken-Betwa, que pretende irrigar a região de Bundelkhand, atingida pela seca, é também uma das razões para o declínio da população de tigres na Índia. De acordo com os peritos em vida selvagem, a reserva de tigres de Panna, situada perto deste local, sofrerá um impacto maior devido ao projeto.

Dr. S. UMAMAHESWARI

Aumento da população de tigres

Nos últimos anos, assistiu-se a um aumento da população de leões e tigres selvagens na Índia. O governo iniciou muitos programas relacionados com a conservação da população de tigres no país. De acordo com o Fundo Mundial para a Natureza e o Fórum Global do Tigre, o número de tigres selvagens aumentou para 3890, sendo anteriormente de 3200.

A política da Índia em matéria de vida selvagem abrange a conservação e a proteção através da criação de parques e santuários nacionais. Este facto contribuiu para o seu crescimento sustentável e para uma diminuição drástica dos conflitos entre homens e animais. Um sistema judicial pró-ativo criou uma restrição bem construída contra os caçadores furtivos. A Índia alberga atualmente 70% do total da população mundial de tigres. As várias estratégias que estão planeadas para implementação incluem

- Reintrodução do Tigre
- Conservação das paisagens e gestão dos habitats
- Examinar os protocolos e as estratégias de luta contra a caça furtiva
- Mobilização de recursos, e
- Equipamento e tecnologia modernos para o controlo.

Está igualmente prevista a aplicação de estratégias de combate à caça furtiva. Os últimos censos revelam um aumento do número de tigres em todo o país, em diferentes parques nacionais, o que prova que os esforços de preservação têm um impacto otimista no ambiente e na vida selvagem.

Razões para o aumento da população de Tigre

- Criação de vários programas e instituições como TraMCA, Project tiger, Project snow leopards, NGT, com vista à proteção do tigre e do seu habitat.
- A TraMCA é uma iniciativa conjunta da Índia e do Butão para a preservação da biodiversidade transfronteiriça, criada em 2008.
- Proporcionar um habitat adequado com disponibilidade de presas, massas de água, etc. Para que o tigre não apareça, o que resulta num conflito homem-animal.
- Limitar os turistas às zonas periféricas e não às zonas centrais, onde os tigres acasalam e as crias pequenas são geralmente tratadas.
- Administradores florestais e guardas florestais mais bem formados e eficientes para lidar com a questão da caça e da caça furtiva.
- As pessoas participam na conservação do tigre e na criação do Vanya Prani Saathi para o efeito.

Iniciativas de conservação do tigre na Índia

Uma população de tigres vigorosa mostra a força do ecossistema e a auto-sustentação, que são os principais objectivos do Projeto Tigre no âmbito da Autoridade Nacional de Conservação do Tigre.

Ao lançar o Projeto Tigre, o Governo da Índia tomou uma iniciativa revolucionária para a conservação do seu animal nacional. O projeto foi lançado em 1973. Trata-se de um projeto 100% patrocinado a nível central pelo Ministério do Ambiente, das Florestas e das Alterações Climáticas.

O Projeto Tigre é administrado pela Autoridade Nacional para a Conservação do Tigre (NTCA). É um órgão estatutário do Ministério com uma função geral de supervisão e coordenação, desempenhando as funções previstas na Lei da Vida Selvagem (Proteção) de 1972.

Projeto Tigre

O Projeto Tigre, lançado em 1973, é um programa patrocinado a 100% a nível central. Concede ajuda financeira aos "Estados da área do tigre" para a conservação in situ dos tigres nas reservas de tigres seleccionadas. O projeto colocou o tigre em perigo de extinção numa via garantida de recuperação, protegendo-o da extinção. O Projeto Tigre visa promover uma agenda exclusiva para o tigre nas zonas centrais das reservas de tigres, com a participação de todas as pessoas.

Os habitats abrangidos pelo Projeto Tigre são:

1. Unidade de conservação da Índia Central
2. Unidade de conservação Shivalik-terai
3. Unidade de conservação do Nordeste
4. Unidade de conservação de Sariska
5. Sunder proíbe unidade de conservação
6. Unidade de conservação dos Ghats Orientais
7. Unidade de conservação dos Ghats Ocidentais

Objectivos do Projeto Tiger

1. Garantir uma população viável de tigres por razões económicas, científicas, estéticas, sociais e ecológicas.
2. Limitar os elementos que levam à redução do habitat dos tigres e atenuá-los através de uma estratégia adequada.
3. Desenvolvimento ecológico específico do sítio para diminuir a dependência dos indivíduos locais e das populações indígenas da reserva de tigres

Zona central e zona tampão

1. **Zona núcleo:** A zona núcleo tem o estatuto legal de um Santuário de Vida Selvagem ou de um Parque Nacional. Estas áreas estão livres de todas as operações florestais e actividades humanas.
2. **Zona tampão:** Estas zonas polivalentes são constituídas por espaços florestais e não florestais e estão sujeitas a uma utilização do solo orientada para a conservação.

Benefícios do Projeto Tiger

O Projeto Tigre colocou o tigre num rumo certo de renascimento a partir do limiar da destruição. A população de tigres no país aumentou consideravelmente após a criação do projeto. O projeto contribuiu para inúmeros benefícios ambientais indescritíveis para a sociedade. O projeto abriu uma ampla porta ao turismo e, consequentemente, às oportunidades de emprego. Esta iniciativa contou com a participação da população local e a sua participação permitiu a revitalização do habitat.

Cooperação internacional para a conservação do tigre

- Para controlar o comércio ilegal transfronteiriço de animais selvagens e a conservação, a Índia assinou um acordo bilateral com o Nepal.
- A Índia assinou um protocolo de conservação do tigre com a China
- Para a conservação dos tigres na região de Sunderban, a Índia assinou um protocolo com

o Bangladesh.

- Com a Rússia, a Índia constituiu um grupo para a conservação dos tigres e dos leopardos.
- A Índia é parte interessada na Convenção sobre o Comércio Internacional das Espécies da Fauna e da Flora Selvagens Ameaçadas de Extinção.
- A Índia não apoia a criação de tigres em cativeiro.

Conservação da Biodiversidade In-Situ e Ex-Situ

A biodiversidade refere-se principalmente à variedade e variabilidade da vida existente no planeta Terra. O termo biodiversidade refere-se geralmente ao processo de medição da variação a nível genético, das espécies e dos ecossistemas. A biodiversidade desempenha um papel vital na dinamização do ecossistema. Os factores responsáveis pela causa das alterações na biodiversidade são:

- Poluição
- Espécies invasoras
- Sobre-exploração
- Alteração das condições climáticas

Todos nós precisamos de conservar a biodiversidade, uma vez que esta conduz à conservação da diversidade ecológica essencial para preservar a continuidade das cadeias alimentares. A conservação in-situ e ex-situ são as duas estratégias praticadas para a preservação de uma variedade de espécies vivas a nível mundial.

O que é a conservação in situ?

Trata-se de métodos de conservação de todas as espécies vivas, especialmente as **espécies** selvagens e **ameaçadas de extinção,** nos seus habitats e ambiente naturais. A conservação in situ da biodiversidade inclui as reservas da biosfera, os parques nacionais, os santuários de vida selvagem, etc.

O que é a conservação ex-situ?

Trata-se de métodos de conservação de todas as espécies vivas em habitats artificiais que reflectem os seus habitats naturais. Entre os exemplos de conservação ex-situ da biodiversidade contam-se os aquários, os jardins botânicos, **a criopreservação**, os bancos de ADN, os jardins zoológicos, etc.

A gestão das interacções entre o homem e a paisagem natural é designada por "gestão dos recursos naturais" (NRM). Esta gestão combina o planeamento da utilização dos solos, a preservação da biodiversidade, a gestão dos recursos hídricos e a viabilidade a longo prazo de muitas empresas, incluindo a exploração mineira, o turismo, a agricultura, a silvicultura e a pesca. Reconhece também que as pessoas e os seus meios de subsistência dependem da produtividade e da saúde das nossas paisagens e que a manutenção destas qualidades exige uma gestão intensiva do território.

Introdução

Os recursos naturais são substâncias obtidas do planeta que são utilizadas para sustentar a vida e satisfazer as necessidades humanas. Um recurso natural é algo que provém da natureza e que os seres humanos utilizam. Os recursos naturais incluem coisas como pedra, areia, metais, petróleo, carvão e gás natural. O ar, a luz solar, o solo e a água são outros recursos naturais.

O bem-estar das pessoas depende dos recursos naturais. Não podemos sobreviver sem a água fresca que bebemos, as plantas que consumimos ou o ar puro que respiramos. Para construir tectos sobre as nossas cabeças e aquecer as nossas casas, precisamos de recursos naturais.

Poluição no Ganges

- O rio Ganga é utilizado como depósito de esgotos para mais de 100 cidades que se estendem por Uttar Pradesh, Bihar e Bengala Ocidental.
- A descarga de esgotos não tratados, de excrementos e de produtos químicos provenientes das indústrias aumenta a toxicidade da água.
- Isto torna-o habitável para a flora e a fauna do sistema fluvial.
- Em 1985, foi iniciado o projeto GAP (Ganga Action Plan) para reduzir a má qualidade da água do rio Ganges.

Reduzir, reciclar e reutilizar

Os 3 Rs para salvar o ambiente podem ser realizados por cada indivíduo na nossa sociedade:

- Reduzir: Reduzir a nossa utilização e os nossos hábitos de desperdício. Por exemplo, não desperdiçar alimentos, desligar os interruptores para poupar eletricidade, reparar torneiras com fugas, reduzir a quantidade de água utilizada no banho, etc.
- Reutilização: Utilizar novamente as coisas em vez de as deitar fora. Por exemplo, reutilizar utensílios e garrafas de plástico. Muitas coisas não podem ser recicladas ou requerem muita energia, mas podemos utilizá-las para outros fins.
- Reciclar: Recolher objectos de papel, plástico, vidro ou metal descartados para fabricar diferentes produtos em vez de os sintetizar de raiz. Deve dispor de um mecanismo para separar e eliminar separadamente cada tipo de resíduos.

Porque é que precisamos de gerir os nossos recursos?

Necessidade de gerir os recursos naturais

- Devido ao aumento constante da população e às exigências crescentes da mudança de estilos de vida, os recursos naturais estão a esgotar-se a um ritmo alarmante. Para garantir uma distribuição sustentável e equitativa dos recursos e a redução dos danos causados ao ambiente, a gestão dos recursos deve ser parte integrante da nossa sociedade.
- Temos de garantir uma utilização judiciosa dos nossos recursos naturais, uma vez que estes não são ilimitados e a sua gestão exige um planeamento a longo prazo para que possam durar gerações.

Aumento da procura de recursos naturais

- O aumento da população está a aumentar a procura de mais recursos que se estão a esgotar a um ritmo exponencial.
- A alteração dos estilos de vida e os avanços tecnológicos estão a obrigar as indústrias a explorar as nossas reservas naturais para satisfazer as necessidades.

Florestas e vida selvagem

- As florestas são designadas por hotspots de biodiversidade.
- A biodiversidade é a variedade e variedade de vida vegetal e animal num determinado habitat.
- A perda de biodiversidade pode resultar na perda do equilíbrio ecológico e em danos para o ecossistema.

Partes interessadas da floresta

Quando pensamos na conservação das florestas, temos de ter em conta as seguintes partes interessadas:

- Pessoas que habitam em torno das florestas e dependem dos produtos florestais.
- Departamento Florestal do Governo que detém a terra e os recursos.
- Industriais: que utilizam a floresta para produzir determinados produtos, por exemplo, folhas de Tendu para *bidis* e fábricas de papel.

- Conservacionistas e entusiastas da vida selvagem que querem conservar a natureza na sua forma mais pura.

Monocultura

- A monocultura é o cultivo de uma única cultura numa determinada área.
- A monocultura excessiva destrói a biodiversidade da zona.
- Várias necessidades das populações locais das zonas florestais são negligenciadas, tais como folhas para forragem, ervas e frutos para consumo.

A mentalidade e a influência do industrial

- Os industriais consideram a floresta como uma fonte de matérias-primas.
- As indústrias têm mais poder político do que os habitantes locais e só se preocupam em satisfazer as suas exigências. Não se preocupam com a sustentabilidade e deslocam-se de um habitat para outro em busca de matérias-primas.

Intervenção das pessoas nas florestas

- A intervenção humana é uma necessidade na gestão dos recursos florestais e das paisagens.
- Os recursos devem ser utilizados para assegurar o desenvolvimento, preservando simultaneamente o ambiente.
- Os benefícios devem reverter a favor das populações locais para garantir o crescimento económico e a conservação em simultâneo.
- Exemplos: Comunidade Bishnoi no Rajastão para salvar as árvores Khejri em Jodhpur Rajastão. Danos às florestas e à vida selvagem
- A utilização excessiva e sem lei das florestas esgotará os recursos mais rapidamente do que a sua recuperação.
- Destrói o equilíbrio ecológico e pode danificar os habitats de várias espécies da flora e da fauna.

Desenvolvimento sustentável

- O desenvolvimento sustentável exige a satisfação de todas as partes interessadas nos recursos florestais.
- Na realidade, as indústrias utilizam as florestas a taxas muito abaixo das taxas de mercado, o que causa conflitos
entre os habitantes locais e os industriais.
- As florestas de Arabari, em Bengala Ocidental, são conhecidas por serem zonas protegidas. Esta floresta ganhou notoriedade graças à participação dos habitantes locais que criaram uma comunidade e trabalharam com a polícia da aldeia e com os funcionários florestais para garantir que não havia desflorestação significativa, caça furtiva ou caça ilegal de animais selvagens.

Movimento Chipko

- O Chipko Andolan ("Movimento Abrace as Árvores") é um desses casos de conflito entre os industriais e os habitantes locais na década de 1970.

Movimento Chipko
Originário de Reni Garhwal, no alto dos Himalaias.
O conflito entre os aldeões locais e o empreiteiro madeireiro → As mulheres da aldeia impediram o abate de árvores abraçando-as → O empreiteiro teve de inverter a ação.

Mulheres que protegem as árvores abraçando-as

- O movimento rapidamente ganhou popularidade e atenção dos media e forçou o governo a repensar a gestão dos recursos florestais.
- A participação das populações locais é igualmente importante na gestão dos recursos florestais.

Água para todos

Água

- A água é uma necessidade para todas as formas de vida terrestres.
- Na Índia, os locais com escassez de água são também os locais onde se regista uma grande pobreza.
- Apesar da monção, existe uma incapacidade de retenção das águas subterrâneas devido à perda de vegetação e à libertação de efluentes das indústrias.
- Diminuição da água doce utilizável devido à destruição do lençol freático e à perturbação do ciclo da água.

Chuvas e práticas de irrigação

- A intervenção do governo para realizar mega projectos negligenciou os métodos de irrigação locais
- Regulamentos rigorosos sobre a utilização de água armazenada e a construção de tanques, barragens e canais
- Devem ser seguidos padrões de cultivo óptimos com base na disponibilidade de água.

Participação da população local (ex: kulhs)

- O Himachal Pradesh tinha um sistema de irrigação por canal chamado kulhs, em que a água dos cursos de água era desviada para canais artificiais que a levavam para as aldeias na encosta.

- A água era utilizada em primeiro lugar pela aldeia mais afastada da origem do kulh. Isto ajudava a água a infiltrar-se no solo.
- Foi extinta com a entrada em funcionamento do sistema de irrigação estatal. Barragens
- As barragens podem armazenar grandes quantidades de água e gerar eletricidade.
- A má gestão das barragens provoca a exploração e não há uma distribuição equitativa deste recurso.
- As críticas sobre as grandes barragens:

(i) Deslocação de búbalos sem compensação
(ii) Corrupção e consumo de dinheiro sem geração de benefícios
(iii) Problemas ambientais como a desflorestação.

Utilizações:

- Para a irrigação, é utilizada a água das barragens.
- A água da barragem é purificada e disponibilizada para consumo nas vilas e cidades vizinhas.
- A energia hidroelétrica é produzida por barragens e utilizada para produzir eletricidade.
- As barragens impedem que as inundações tirem vidas e bens. Carvão e petróleo

Captação de água

- A recolha de água incentiva a conservação do solo e da água, a fim de manter e aumentar a biomassa.
- Aumenta o rendimento da comunidade local, mas também atenua as inundações e as secas.
- Exemplos: Tanques, Khadins e Nadis no Rajastão, Tals e Bandharas em Maharashtra, Bundhis em Madhya Pradesh e Uttar Pradesh, Pynes e Ahars em Bihar, Kulhs em Himachal Pradesh, Kattas em Karnataka, lagoas na cintura de Kandi na região de Jammu e Eris (tanques) em Tamil Nadu, Surangams em Kerala.
- As construções de recolha de água são aterros de terra em forma de meia-lua ou barragens de betão construídas em zonas sazonalmente inundadas
- O principal objetivo é a recarga das águas subterrâneas.

Segue-se uma lista das vantagens de um sistema de recolha de águas pluviais.

- Diminui a procura de importações de água.
- Incentiva a conservação da energia e da água.
- Aumenta a disponibilidade e a qualidade das águas subterrâneas.
- Não necessita de um sistema de filtragem para a rega dos jardins.

- Esta tecnologia é comparativamente direta e simples de instalar e utilizar.

Águas subterrâneas

Vantagens:

- não se evapora
- recarga de poços
- quando o fluxo de água não permite que os mosquitos se reproduzam
- não entra em contacto com a contaminação humana

Carvão e petróleo

- O carvão e o petróleo são derivados de combustíveis fósseis que não são renováveis. Irão esgotar-se a seu tempo. Por isso, é importante uma gestão adequada do consumo de combustíveis fósseis.
- A sua combustão polui o nosso ambiente devido à produção de óxidos de carbono, enxofre e azoto. Por conseguinte, temos de utilizar estes recursos de forma judiciosa.

Porque é que os combustíveis fósseis devem ser utilizados de forma criteriosa?

- Os combustíveis fósseis são formados ao longo de milhões de anos de degradação da biomassa e têm uma enorme quantidade de carbono.
- Quando queimados num suprimento limitado de oxigénio, formam gases nocivos que poluem a atmosfera, o que leva ao aquecimento global.
- A utilização judiciosa dos combustíveis fósseis permite aumentar a eficiência das nossas máquinas e garante a sustentabilidade dos nossos recursos para o futuro.

Escolhas que podem fazer a diferença no consumo de energia

- Colocar o computador a dormir.
- Desligue os aparelhos e o equipamento que não está a utilizar.
- Tomar duche durante menos minutos.
- Coloque o frigorífico a 37-40 graus F.
- Reduza a carga da tomada utilizando uma extensão eléctrica.

O VOC PARK é um jardim zoológico e parque de diversões situado em Coimbatore, Tamil Nadu, Índia. Em 2013, o parque alberga cerca de 890 animais, incluindo 335 aves, 106 mamíferos e 54 répteis. O parque tem o nome do combatente pela liberdade V O Chidambaram Pillai e é gerido pela Coimbatore City Corporation.

A 2 km do nó de Coimbatore, o VOC Park & Zoo é um jardim zoológico e parque de diversões situado na localidade de Gopalapuram, em Coimbatore, Tamil Nadu, Índia. Também conhecido como V.O. Chidambaranar Park, é um dos principais pontos de lazer e locais turísticos de Combatore.

O VOC Zoo & Park foi criado no ano de 1965 numa extensão de 7 acres e tem o nome do combatente pela liberdade V O Chidambaram Pillai. Gerido pela Coimbatore City Corporation, o parque alberga cerca de 890 animais, incluindo 335 aves, 106 mamíferos e 54 répteis. O parque e o jardim zoológico são um local de piquenique preferido dos habitantes locais, que levam os seus filhos a passarem momentos maravilhosos e a introduzi-los no mundo dos animais.

O parque tem uma área de jogos para as crianças, um aquário e um Parque Jurássico onde não só as crianças, mas também os adultos se podem divertir. Os visitantes também têm acesso a uma variedade de feiras, exposições, eventos anuais e vários eventos artísticos e culturais que são organizados neste parque. Há também um restaurante nas instalações do parque onde se pode saborear alguns petiscos e bebidas deliciosas, como chá, café, bebidas frias, sanduíches, hambúrgueres, macarrão, etc. durante a sua visita. É um sítio perfeito para dar asas à imaginação e construir histórias.

Horários: 16:00 - 19:30 nos dias de semana, 10:00 - 19:30 nos fins-de-semana e fechado às terças-feiras

Entrada: 3 rúpias para adultos e 2 rúpias para crianças

Comboio de brincar: Rs. 2 para adultos e Rs. 1 para crianças

O Parque Zoológico de Arignar Anna, também conhecido como **Jardim Zoológico de Vandalur**, é um jardim zoológico situado em Vandalur, na parte sudoeste de Chennai, Tamil Nadu, a cerca de 31 quilómetros (19 milhas) do centro de Chennai e a 15 quilómetros (9,3 milhas) do aeroporto de Chennai. Fundado em 1855, é o primeiro jardim zoológico público da Índia. Espalhado por uma área de 602 hectares (1.490 acres), incluindo um centro de resgate e reabilitação de 92,45 hectares (228,4 acres), o parque é o maior parque zoológico da Índia. O jardim zoológico alberga 2.553 espécies de flora e fauna em 512 hectares. Em 2012, o parque albergava cerca de 1500 espécies selvagens, incluindo 46 espécies ameaçadas de extinção, nos seus 160 recintos. Em 2010, havia cerca de 47 espécies de mamíferos, 63 espécies de aves, 31 espécies de répteis, 5 espécies de anfíbios, 28 espécies de peixes e 10 espécies de insectos no parque. O parque, com o objetivo de ser um repositório da fauna do estado, é considerado o segundo santuário de vida selvagem em Tamil Nadu, depois do Parque Nacional Mudumalai. A uma distância de 38 km da Estação Ferroviária Central de Chennai, o Parque Zoológico Arignar Anna é um parque zoológico situado em Vandalur, na cidade de Chennai, em Tamil Nadu. Também conhecido como Vandalur Zoo, é um dos melhores jardins zoológicos da Índia e um dos melhores lugares para visitar como parte da excursão a Chennai.

Fundado em 1855, o Parque Zoológico Arignar Anna é o primeiro jardim zoológico público da Índia e é considerado um dos maiores do Sudeste Asiático. Foi transferido para a atual localização das florestas reservadas de Vandalur no ano de 1979 e abriu oficialmente ao público em 1985. Está afiliado à Autoridade Zoológica Central da Índia. É um dos locais turísticos mais populares de Chennai.

Espalhado por uma área de 602 hectares (1.490 acres), o jardim zoológico abriga 2.553 espécies de flora e fauna. Em 2012, o parque albergava cerca de 1500 espécies selvagens, incluindo 46 espécies ameaçadas de extinção, nos seus 160 recintos. É possível avistar aqui um tigre, uma pantera, um lobo, veados, elefantes e outros animais. O parque tem uma zona especial de liberdade onde os animais podem vaguear livremente em paz. Existem dois aviários de santuário (com um aviário de passagem), uma casa de borboletas, uma casa de répteis, uma casa de anfíbios, uma casa de primatas, um recinto para crocodilos e o aquário em forma de tubarão.

O parque, com o objetivo de ser um repositório da fauna do Estado, é considerado o segundo santuário de vida selvagem em Tamil Nadu, depois do Parque Nacional Mudumalai. O parque realiza práticas de investigação e conservação para sensibilizar as massas. Além disso, o parque tem uma biblioteca com uma boa coleção de livros e informações sobre a vida selvagem. Também é possível fazer um safari com elefantes no parque.

Horários: 9:00 às 18:00, fechado às terças-feiras Entrada: Rs. 30 para adultos e Rs. 10 para crianças

Santuário de Vida Selvagem de Srivilliputtur - O **Santuário de Vida Selvagem do Esquilo Pardo** (**GSWS**), também conhecido como **Santuário de Vida Selvagem de Srivilliputhur**, foi criado em 1988 para proteger o esquilo gigante pardo (*Ratufa macroura*), quase ameaçado. Ocupando uma área de 485,2 km^2 , faz fronteira a sudoeste com a Reserva do Tigre de Periyar e é uma das florestas mais bem preservadas a sul do Palghat Gap.

O santuário cobre 485 quilómetros quadrados no oeste de Tamil Nadu, no sul da Índia, na bacia hidrográfica oriental dos Ghats Ocidentais, e é constituído por colinas altas e vales, com vários picos que atingem os 1800 metros.

A uma distância de 3 km da estação rodoviária de Megamalai, o Santuário de Vida Selvagem de Megamalai é uma reserva protegida situada em Megamalai, em Tamil Nadu. É um dos

locais populares de vida selvagem em Tamilnadu, e um dos principais locais turísticos de Meghamalai.
Cobrindo uma área de cerca de 63 000 hectares, o Santuário de Vida Selvagem de Megamalai é um paraíso para os amantes da vida selvagem e da natureza. Como este santuário de vida selvagem está localizado na fronteira entre Tamilnadu e Kerala, funciona como zona tampão para a Reserva do Tigre Periyar em Kerala. O santuário é um paraíso para os amantes da vida selvagem e da natureza. Desde os arbustos e florestas sempre verdes a uma variedade de mamíferos, aves e répteis, o santuário alberga muitas espécies de flora e fauna. Foram apresentadas propostas para transformar o Santuário de Vida Selvagem de Megamalai, no distrito de Theni, numa reserva de tigres. É um dos locais a incluir nos pacotes de Meghamalai.
Partilhando as suas fronteiras com o Santuário do Esquilo Pardo de Srivilliputhur e a Reserva do Tigre de Periyar, em Kerala, o santuário alberga elefantes, tigre, leopardo, tahr de Nilgiri, gaur, veado malhado, veado que ladra, veado sambar, javali, porco-espinho, langur de Nilgiri, macaco de cauda de leão, langur comum, macaco de capucho, urso-preguiça, aves da selva cinzentas, lontra de pelo liso e esquilo voador. A zona florestal de Meghamalai alberga uma variedade de aves, incluindo o bulbul de bigodes vermelhos, a iora comum, a alvéola de sobrancelhas brancas, a alvéola cinzenta, a tagarela de arbustos, a toutinegra de Blyth, a andorinha de celeiro, a pomba malhada, o papa-moscas do paraíso asiático e o picanço de cauda longa. Além disso, a cobra-da-madeira é "endémica pontual" do Santuário de Vida Selvagem de Megamalai, o que significa que este tipo de espécie só se encontra aqui e em mais nenhum outro local.
Horários: 6H - 18H
Entrada: Gratuita
O santuário de aves de Vedanthangal é uma área protegida de 30 hectares (74 acres) situada no taluk de Madurantakam do distrito de Chengalpattu, no estado de Tamil Nadu, na Índia. O santuário fica a cerca de 75 quilómetros (47 milhas) de Chennai, na Estrada Nacional 45 ([NH45]). É facilmente acessível a partir de Madurantakam e Chengalpattu. Mais de 40 000 aves (incluindo 26 espécies raras) de várias partes do mundo visitam o santuário todos os anos durante a época migratória [2]. Vedanthangal alberga aves migratórias como o pintail, o marreco, a alvéola cinzenta, o marreco de asas azuis, o maçarico comum e outras. Foi designado como sítio Ramsar protegido desde 2022.
Vedanthangal é o mais antigo santuário de aves aquáticas do país. Vedanthangal, em língua tâmil, significa "aldeia do caçador"[5]. Esta zona era o local de caça preferido dos proprietários locais no início do século XVIII. A região atraía uma grande variedade de aves porque estava salpicada de pequenos lagos que serviam de local de alimentação para as aves. Apercebendo-se da sua importância ornitológica, o governo britânico tomou medidas para transformar Vedanthangal num santuário de aves já em 1798. Este foi criado em 1858 por ordem do coletor de Chengalpattu.
A melhor altura para visitar este santuário é de novembro a março. Durante este período, as aves são vistas ocupadas a construir e a manter os seus ninhos.
Os habitantes das aldeias próximas deste santuário estão muito preocupados com o santuário e com os seus residentes alados, e tomaram muitas medidas sérias para evitar perturbar o fluxo de aves.

A uma distância de 53 km de Mahabalipuram e a 89 km de Chennai, o Santuário de Aves de Vedanthangal é um santuário protegido situado em Vedanthangal, perto de Mahabalipuram. É um dos mais antigos santuários de aves aquáticas da Índia e está entre as populares escapadelas de fim de semana de Chennai.

Vedanthangal significa literalmente "a aldeia de um caçador" na língua local Tamil. Recebeu este nome por ser um famoso local de caça para os proprietários locais durante o século XVIII. Apercebendo-se da importância ornitológica da região, o governo britânico declarou-a como santuário de aves no ano de 1798, tornando-a a mais antiga do género no país. E, entre os locais mais populares para visitar perto de Mahabalipuram.

Cobrindo uma área total de 30 hectares, o Santuário de Aves de Vedanthangal é um popular lar migratório para cerca de 40.000 espécies diferentes de aves de todo o mundo. Esta região parece ter atraído as aves porque tem vários pequenos lagos que se tornaram locais de alimentação convenientes para as aves.

O santuário é um paraíso para os observadores de aves e fotógrafos da vida selvagem. Os mangais de Barringtonia, o rico habitat flutuante, os extensos campos de arroz e as poderosas criaturas voadoras fazem do Santuário de Aves de Vedanthangal um belo cenário para escapar à multidão e ao barulho da vida agitada da cidade, como parte dos pacotes turísticos de Mahabalipuram. Existem duas torres de vigia que proporcionam uma visão clara das aves a partir dos binóculos aí colocados. Há também uma plataforma de observação que proporciona um ponto de vista privilegiado.

A melhor altura para visitar o local é de novembro a março, pois é nesta altura que tanto as aves nativas como as migratórias podem ser vistas a construir e a manter os seus ninhos.

Horários: 6H - 18H

Entrada: 25 rúpias para adultos, 5 rúpias para crianças, 25 rúpias para máquinas fotográficas e 10 rúpias para estacionamento

O Parque Mukkuruthi (**MNP**) é uma área protegida de 78,46 km^2 (30,3 sq mi) situada no canto ocidental do planalto de Nilgiris, a oeste da estação de montanha de Ootacamund, no canto noroeste do estado de Tamil Nadu, na cordilheira dos Ghats Ocidentais, no sul da Índia. O parque foi criado para proteger a sua espécie-chave, o tahr de Nilgiri[1].

O parque é caracterizado por prados e arbustos montanhosos intercalados com sholas numa zona de elevada altitude com elevada precipitação, temperaturas quase negativas e ventos fortes. O parque alberga uma série de animais selvagens ameaçados de extinção, incluindo o tigre real de Bengala e o elefante asiático, mas a sua principal

A atração mamífera do Dr. S. UMAMAHESWARI é o Nilgiri tahr. O parque era anteriormente conhecido como Parque Nacional Nilgiri Tahr.

O parque faz parte da Reserva da Biosfera de Nilgiri, a primeira Reserva Internacional da Biosfera da Índia. Fazendo parte dos Ghats Ocidentais, é Património Mundial da UNESCO desde 1 de julho de 2012.

A uma distância de 40 km de Ooty, o Parque Nacional Mukurthi é uma área protegida localizada no distrito de Nilgiris, no estado de Tamil Nadu. É um dos santuários de vida selvagem mais atraentes do sul da Índia e um dos melhores lugares para visitar como parte dos pacotes turísticos de Ooty.

Anteriormente conhecido como Parque Nacional Nilgiri Tahr, o Parque Nacional Mukurthi está situado no canto ocidental do Planalto de Nilgiris. Toda a área do Parque Nacional de Mukurthi foi declarada como floresta de reserva em 1886. A área foi declarada santuário de vida selvagem em 1982 e elevada a Parque Nacional em 1990, para proteger o tahr de Nilgiri.

O parque faz parte da Reserva da Biosfera de Nilgiri, a primeira Reserva Internacional da Biosfera da Índia. Fazendo parte dos Ghats Ocidentais, é Património Mundial da UNESCO desde 1 de julho de 2012.

Cobrindo uma área de 78,46 km2, o parque é caracterizado por pradarias montanhosas e arbustos intercalados com sholas em zonas de elevada altitude. Situa-se entre o Parque Nacional de Mudumalai e o Parque Nacional do Vale do Silêncio. Este santuário de vida selvagem é também o lar do Pico Mukurthi, o quarto pico mais alto das Colinas de Nilgiri. E a uma altitude de 2.554m (8.379 pés), o pico atrai muitos trekkers para visitar estas florestas. Três rios - Pykara, Billithadahalla e Kundah - atravessam o parque devido à sua inclinação para leste e sul.

O Parque Nacional de Mukurthi alberga várias espécies de mamíferos ameaçadas de extinção, incluindo o tahr de Nilgiri, o elefante indiano, o tigre de Bengala, a marta de Nilgiri, o langur de Nilgiri e o rato de Bonhote. Há também leopardo, macaco bonnet, veado sambar, veado que ladra, veado rato, lontra, gato da selva, civeta indiana pequena, cão selvagem, chacal, musaranho, arganaz Malabar e rato de pelo mole. A avifauna diversificada do parque inclui o papa-moscas de cabeça cinzenta, o tordo risonho, o milhafre de asa preta, o papa-moscas preto e laranja, o pombo-torcaz e a galinhola.

O trekking e o campismo são as únicas actividades disponíveis no Parque Nacional de Mukurthi, e isso também com a autorização dos funcionários florestais. Também autorizam e organizam excursões educativas, mas o turismo comercial não é permitido. Assim, pode pedir autorização para fazer caminhadas com o seu grupo ou participar nas expedições de 3 a 5 dias organizadas pelo governo. O departamento florestal de Tamil Nadu oferece excursões de um dia aos remansos do Alto Bhavani, que permitem vislumbrar a bela selva, mas a melhor forma de conhecer este parque nacional e o seu rico ecossistema é ficar alojado numa das suas casas de repouso na floresta durante alguns dias e fazer caminhadas diárias por diferentes partes deste ponto de biodiversidade.

Há muitas opções de trekking disponíveis, mas a rota de trekking mais famosa é a viagem de 52 km e 4 dias de Bangitapal via Sispara, Pocchiparai e Silent Valley National Park. O trilho de 18 km desde o abrigo de trekking até Nadugani, passando por Kengerkundi, vem logo a seguir. As caminhadas variam de dificuldade média a alta. Existem casas de repouso e abrigos de trekking, mas não estão mobilados. Por isso, confirme antecipadamente com as autoridades as comodidades disponíveis. O serviço organiza a caminhada para um grupo de 20 participantes de cada vez. São fornecidas todas as comodidades, tais como tendas, cozinheiros, guias e refeições, necessárias para a realização da caminhada. Os participantes têm de trazer sacos-cama e mochilas consigo. A autorização de entrada na floresta só é concedida às pessoas com interesses especiais. Os percursos de descida na região demoram cerca de 3 a 5 dias.

A melhor altura para visitar o Parque Nacional Mukurthi é entre os meses de fevereiro a maio e de setembro a novembro.

Horários: 9 AM - 5.30 PM, fechado à terça-feira

Entrada: RS. 25 para adultos, Rs. 10 para crianças, Rs. 25 para câmaras fotográficas e Rs. 150 para vídeos

Parque Nacional de Guindy - O Parque Nacional de Guindy é uma área protegida de 2,70 km^2 (1,04 sq mi) de Tamil Nadu, localizada em Chennai, Índia, é o 8º Parque Nacional mais pequeno da Índia e um dos poucos parques nacionais situados dentro de uma cidade. O parque é uma extensão dos terrenos que rodeiam o Raj Bhavan, anteriormente conhecido como "Guindy Lodge", a residência oficial do governador de Tamil Nadu, na Índia. O parque estende-se até às profundezas da propriedade do governador, rodeado de belas florestas, matagais, lagos e riachos.

No Parque das Crianças/Parque Nacional de Guindy, Chennai.

O parque desempenha um papel na conservação ex-situ e in-situ e alberga 400 patos-pretos, 2 000 veados-malhados, 24 chacais, uma grande variedade de cobras, osgas, tartarugas e mais de 130 espécies de aves, 14 espécies de mamíferos, mais de 60 espécies de borboletas e aranhas, uma grande variedade de invertebrados.

gafanhotos, formigas, térmitas, caranguejos, caracóis, lesmas, escorpiões, ácaros, minhocas, milípedes, etc. Trata-se de uma fauna livre que vive com o mínimo de interferência do homem. A única atividade de gestão importante é a proteção, como em qualquer outra área de conservação in situ. O parque atrai mais de 700.000 visitantes todos os anos.

A uma distância de 13 km da Estação Ferroviária Central de Chennai, o Parque Nacional de Guindy é uma área protegida situada na Sardar Patel Road, em Chennai. É o 8º parque nacional mais pequeno da Índia e um dos poucos parques nacionais situados dentro de uma cidade.

Criado em 1976, o parque estende-se por uma área de 2,70 quilómetros quadrados e é mantido pelo Ministério do Ambiente e das Florestas. Antes da criação do parque, este espaço era considerado como uma parte alargada da Guindy Lodge, atualmente designada por Raj Bhavan, a residência oficial do governador de Tamil Nadu. É um dos locais mais populares de Chennai para visitar.

Existem mais de 14 espécies de mamíferos, incluindo o pato-negro, o chital ou veado-malhado, o chacal, a pequena civeta indiana, a civeta comum das palmeiras, o macaco de peito, a hiena, o pangolim, o ouriço-cacheiro, o mangusto comum e o esquilo das palmeiras de três riscas. O parque conta ainda com uma lebre de focinho preto e várias espécies de morcegos e roedores.

O Guindy Snake Park, antigo local do Madras Crocodile Bank Trust, está situado junto ao Parque Nacional de Guindy. Alberga algumas das espécies únicas de répteis, como a víbora, a pitão, a cobra-rei, as fascinantes cobras marinhas e as tartarugas. Outra atração popular aqui é o Parque das Crianças, que se estende por 22 hectares. Há uma grande variedade de aves e animais em exposição para divertir as mentes curiosas das crianças, enquanto a estátua do Tiranossauro, à entrada do parque, é considerada a mais famosa escolha de cenário para fotografias.

Horários: 9 AM - 5. 30 PM, fechado às terças-feiras

Taxa de entrada: Rs. 20 para adultos, Rs. 5 para crianças, Rs. 25 para máquinas fotográficas e Rs. 150 para vídeo

O Parque Nacional Mudumalai é um parque nacional situado nas montanhas Nilgiri, em Tamil Nadu, no sul da Índia. Abrange 321 km^2 (124 sq mi) a uma altitude de 850-1.250 m (2.790-4.100 pés) no distrito de Nilgiri e partilha fronteiras com os estados de Karnataka e Kerala. Uma parte desta área está protegida desde 1940. O parque nacional faz parte da Reserva da Biosfera de Nilgiri desde 1986 e foi declarado reserva do tigre juntamente com uma zona tampão de 367,59 km^2 (141,93 sq mi) em 2007. Recebe uma precipitação anual de cerca de 1 420 mm (56 in) e alberga tropicais e subtropicais húmidas de folha larga florestascom 498 espécies de plantas, pelo menos 266 espécies de aves, 18 espécies de carnívoros e 10 espécies de herbívoros. É drenada pelo rio Moyar e vários afluentes, que abrigam 38 espécies de peixes.

O tráfego em três estradas públicas que atravessam o parque nacional causou um número significativo de atropelamentos de mamíferos, répteis e anfíbios. A parte norte do parque foi afetada por vários incêndios florestais desde 1999.

A uma distância de 12 km do Parque Nacional de Bandipur, 37 km de Ooty e 92 km de Mysore, o Santuário de Vida Selvagem de Mudumalai ou Parque Nacional de Mudumalai está localizado no sopé dos Nilgiris em Tamil Nadu. É um dos famosos santuários de vida selvagem em Tamilnadu, e entre os lugares mustincludeplacesin Ooty tour.

Criado em 1940, Mudumalai é o primeiro santuário no sul da Índia e foi declarado Parque

Nacional em 1990. Em abril de 2007, o Governo do Estado de Tamil Nadu declarou Mudumalai uma reserva de tigres. O santuário está situado na fronteira entre Karnataka-Kerala, adjacente ao Parque Nacional de Bandipur, em Karnataka, e ao Santuário de Vida Selvagem de Muthanga, em Kerala. A uma altitude de 1140 m, o santuário estende-se por 103,24 quilómetros quadrados na estrada Ooty - Mysore e é um dos melhores locais turísticos de Ooty.

Mudumalai faz parte da Reserva da Biosfera de Niligiri, que inclui o Parque Nacional de Bandipur, o Parque Nacional Rajiv Gandhi (Nagarhole), em Karnataka, e o Santuário de Vida Selvagem de Wayanad, em Kerala. O santuário está dividido em 5 faixas - Masinagudi, Theppakadu, Mudumalai, Kargudi e Nellakota. Existe uma grande diversidade de vida animal no parque, com cerca de 50 espécies de peixes, 21 espécies de anfíbios, 34 espécies de répteis, 200 espécies de aves e 50 espécies de mamíferos. O parque é o habitat ideal de várias espécies ameaçadas e vulneráveis, incluindo elefantes, tigre, gaur, leopardo, veado, cão selvagem, etc. Existem cerca de 200 espécies de aves no parque, incluindo o abutre-de-cabeça-branca, o abutre-de-bico-longo, o abutre-de-crista-vermelha, as minas, os periquitos e as corujas, etc.

Theppakadu é o ponto de entrada para o santuário, que tem um centro de informações. O departamento florestal organiza um safari de elefantes no parque e também um campo de interação com elefantes. Não é permitido fazer trekking em Mudumalai. O departamento florestal organiza safaris de miniautocarro e safaris de jipe no parque a partir de Theppakadu. O veículo do safari pára na torre de vigia de Moyar, que oferece vistas espectaculares do desfiladeiro e das cascatas de Moyar. A manhã é a melhor altura para o safari para observar a vida selvagem. O safari leva os visitantes para o campus da casa na selva, que está situado a 10 km na selva profunda.

O departamento florestal dispõe de alojamento em casas de repouso florestais em Theppakadu, Kargudi, Abayaranyam e Masinagudi. O departamento florestal tem casas de campo em vários locais dentro das florestas, disponíveis por ordem de chegada, e há várias estâncias privadas e casas de hóspedes onde os visitantes podem ficar.

A melhor altura para visitar o Parque Nacional Mudumalai é de dezembro a junho.

Horários:Safari em veículo (90 minutos): 7H - 9H E 15H - 17H

Taxas de entrada: Safari de autocarro (90 minutos) - Rs. 340 para indianos e Rs. 2500 para estrangeiros, Safari de ciganos (90 minutos): Rs. 4200 por veículo + Rs.300 por cabeça para entrada + Rs.100 por cabeça para preservação ecológica.

Nota: O preço do Safari muda frequentemente

A Reserva do Tigre de Periyar - Parque Nacional e Santuário de Vida Selvagem de Periyar (PNP) é uma área protegida localizada nos distritos de Idukki e Pathanamthitta em Kerala, Índia. É conhecido como uma reserva de elefantes e uma reserva de tigres. A área protegida abrange 925 km^2 (357 sq mi), dos quais 305 km^2 (118 sq mi) da zona central foram declarados como Parque Nacional de Periyar em 1982. O parque é um repositório de flora e fauna raras, endémicas e ameaçadas de extinção e constitui a principal bacia hidrográfica de dois importantes rios de Kerala: o Periyar e o Pamba.

O parque está situado no alto das colinas de Cardamom e Pandalam, no sul do Ghats Ocidental, ao longo da fronteira com Tamil Nadu. Fica a 4 km de Kumily, aproximadamente 100 km a leste de Kottayam, 110 km a oeste de Madurai e 120 km a sudeste de Kochi.

O Periyar Tiger Trial é um programa único que tem grandes hipóteses de avistar tigres. O Santuário de Vida Selvagem de Periyar é também chamado de Reserva do Tigre de Periyar e tem uma rica população de tigres com cerca de 40 tigres. O trilho do tigre oferece aos turistas a oportunidade de explorar a vida selvagem de Thekkady no interior da floresta. Pode ter-se a oportunidade de encontrar muitas aves e mamíferos indígenas, como os Langoos de Nilgiri, o veado de Sambar, o javali, a cabra indiana, o esquilo gigante de Malabar, os elefantes, etc.

Existem dois programas - 1N/2D e 2N/3D. Inclui 25-30 km de trekking através da floresta densa cobrindo as partes mais bonitas do santuário. Os turistas percorrerão o trilho durante o dia e acamparão em tendas armadas à noite na Reserva do Tigre de Periyar, um dos santuários de vida selvagem mais populares de Kerala. A comida vegetariana é preparada e servida durante o percurso. Este programa é proposto apenas para turistas em boa forma física. Cada grupo será composto por 5 turistas, 5 guias e 2 guardas armados. Todo o equipamento de campismo é fornecido pelo departamento florestal.

O programa de trekking começa às 9h00 do primeiro dia e termina ao meio-dia do segundo/terceiro dia. Os custos da experiência são de Rs. 5000 por pessoa para o programa 1N/2D e Rs. 7000 por pessoa para o programa 2N/3D. Estes programas devem ser reservados com bastante antecedência. Contacte o Eco Tourism Center em Kumily para fazer a reserva (Telefone: 04869-224572).

Reserva da Biosfera de Nilgiri - A **Reserva da Biosfera de Nilgiri** é uma reserva da biosfera nas montanhas Nilgiri dos Ghats Ocidentais, no sul da Índia. É a maior área florestal protegida da Índia, estendendo-se por Tamil Nadu, Karnataka e Kerala.[1] Inclui as áreas protegidas Parque Nacional de Mudumalai, Parque Nacional de Mukurthi, Santuário de Vida Selvagem de Sathyamangalam em Tamil Nadu; Parque Nacional de Nagarhole, Parque Nacional de Bandipur, ambos em Karnataka; Vale do Silêncio

Parque Nacional, Santuário de Vida Selvagem de Aralam, Santuário de Vida Selvagem de Wayanad e Santuário de Vida Selvagem de Karimpuzha em Kerala.

A 33 km do cruzamento de Coimbatore, a Reserva da Biosfera de Nilgiri ou Parque Natural da Biosfera de Nilgiri é um parque natural situado em Anaikatti, perto de Coimbatore. É um dos locais mais importantes a visitar perto de Coimbatore.

Criada em 1936 pelo Parque Zoológico e Centro de Conservação de Coimbatore, a Reserva da Biosfera de Nilgiri ou Parque Natural da Biosfera de Nilgiri é uma iniciativa do governo para proteger, conservar e propagar espécies de flora endémicas e raras, ameaçadas e em perigo. O parque conta com mais de 430 espécies de 25 000 plantas, para além de várias espécies de mamíferos, répteis, aves, etc. Todas as árvores têm placas que indicam o nome em Tamil e em Latim. A presença de borboletas de aspeto vibrante em todo o parque contribui ainda mais para a sua beleza impecável.

Para além da conservação e propagação da flora, o parque também trabalha na sensibilização para a necessidade de salvaguardar o ambiente e incentiva a visita de alunos de escolas e universidades. Existem dois trilhos para caminhadas que oferecem uma visão panorâmica da biodiversidade existente. Ao longo destes trilhos, há placas de sinalização sobre os vários tipos de fauna observados nesta área. Um recinto Miyawaki explica aos visitantes o que é o método de arborização urbana. Um viveiro permite que os visitantes comprem mudas e plantas a um custo simbólico. O parque dispõe de um anfiteatro coberto com 250 lugares, onde são projectados filmes, e de um café que oferece chá e refeições ligeiras. Horários: 9:00 - 17:00, fechado às terças-feiras

Entrada: Rs. 100 para adultos, Rs. 50 para crianças, Rs. 75 para caminhadas, Rs. 75 para câmaras e Rs. 40 para estacionamento

REFERÊNCIAS

Livros:

"Wildlife Ecology and Management" de Eric G. Bolen e Michael J. Connelly - Um livro abrangente que cobre os princípios de gestão, ecologia e conservação da vida selvagem.

"Principles of Conservation Biology" de Martha J. Groom, Gary K. Meffe, e C. Ronald Carroll - Oferece uma perspetiva do campo mais vasto da biologia da conservação, incluindo a gestão da vida selvagem.

"Wildlife Management and Conservation: Contemporary Principles and Practices" de Paul R. Krausman e James W. Cain III - Apresenta uma análise aprofundada dos mais recentes princípios e práticas de gestão da vida selvagem.

"The Wildlife Techniques Manual: Volume 1" editado por Nova J. Silvy - Um guia prático que abrange várias técnicas utilizadas na gestão, investigação e conservação da vida selvagem.

"Silent Spring" de Rachel Carson - Um livro clássico que ajudou a desencadear o movimento ambiental moderno, centrado no impacto dos pesticidas na vida selvagem e no ambiente.

Fontes online:

The Wildlife Society (wildlife.org) - O sítio Web oficial da The Wildlife Society, uma organização profissional dedicada à gestão e conservação da vida selvagem. Fornece recursos valiosos, publicações e notícias.

Serviço de Pesca e Vida Selvagem dos EUA (fws.gov) - O sítio Web do Serviço de Pesca e Vida Selvagem dos EUA oferece uma grande variedade de informações sobre a conservação, as leis e a gestão da vida selvagem nos Estados Unidos.

Lista Vermelha de Espécies Ameaçadas da IUCN (iucnredlist.org) - Este recurso em linha fornece informações sobre o estado de conservação de várias espécies em todo o mundo.

National Geographic's Wildlife Conservation (nationalgeographic.com) - A National Geographic oferece artigos, vídeos e informações sobre esforços e questões de conservação da vida selvagem.

Conservation International (conservation.org) - Uma organização mundial dedicada à proteção da natureza e da vida selvagem. O seu sítio Web fornece informações sobre os seus esforços e iniciativas de conservação. ARKive (arkive.org) - Um vasto recurso multimédia que apresenta imagens, vídeos e informações sobre espécies em vias de extinção e biodiversidade.

More Books!

yes

I want morebooks!

Buy your books fast and straightforward online - at one of world's fastest growing online book stores! Environmentally sound due to Print-on-Demand technologies.

Buy your books online at
www.morebooks.shop

Compre os seus livros mais rápido e diretamente na internet, em uma das livrarias on-line com o maior crescimento no mundo! Produção que protege o meio ambiente através das tecnologias de impressão sob demanda.

Compre os seus livros on-line em
www.morebooks.shop

info@omniscriptum.com
www.omniscriptum.com

OMNIScriptum

MIX
Papier aus verantwortungsvollen Quellen
Paper from responsible sources
FSC® C105338

Printed by Books on Demand GmbH, Norderstedt / Germany